# 해양플랜트와 해양장비기초

| 황아롬 · 주영섭 · 유현수 지음 |

MARINE PLANT & EQUIPMENT

GS인터비전

# 머리말

21세기 들어서 세계 유가는 1배럴에 100 달러 이하로 내려가지 않는 유례 없는 고유가 시대가 지속되면서, 경제성 문제로 개발이 이루어지 않았던 해저 유전에 대한 개발이 이루지면서 석유/가스 생산 관련 해양 플랜트 시장이 급속히 증가하고 있으나, 2008년 발생한 미국 금융 위기 사태 이후 전 세계 주요 국가들이 경제 불황을 맞이하여 해운 운송량이 급감하고 금융 시스템에 대한 신뢰가 약해지면 조선 관련 시장은 위축되고 있다. 이러한 현실 아래에서 대한민국 조선해양 산업은 일본과 치열한 경쟁을 이기고 2000년 이후 세계 1위를 차지고 있으나, 정부의 지원을 받는 중국 조선해양 산업의 거센 추격을 받고 있다. 대한민국 조선해양 산업이 어려운 경제 여건에서도 2010년 하반기를 제외하고 지속적으로 중국 조선해양 산업을 이겨낼 수 있었던 이유는 40여년 축척된 조선해양 기술을 활용하여 개발한 대형 컨테이너선과 Drill ship 수주 경쟁에서 승리한 점 등을 들 수 있다. 유래 없는 조선 시장 불황인 2013년 현재 환경에서 중국과의 경쟁 속에서 대한민국 조선해양 산업이 지속적으로 발전하기 위해서 필요한 것은 고속, 대형 콘테이너선과 같은 신형 선박에 대한 중국 대비 우수한 기술력 확보 및 석유/가스 해양 플랜트 이외에도  신재생 에너지 생산 시설, 해상 공항과 같은 다양한 해양 플랜트 플랫폼 관련 기술에 대해서 세계적인 기술 수준을 확보하여 해양플랜 시장의 선도적 지위 확보라고 할 수 있다.

이러한 해양플랜트 사업에서의 선도적인 지위를 유지하기 위해서는 해양플랜트 응용 기술에 대한 활발한 연구 활동이 필요하지만, 대한민국 조선해양 산업 생산 현장에서 도면 작성과 생산 관리 실무를 담당하는 역할을 수행하여 대한민국 조선해양 산업 발전에 일조하는 현장 근무 engineer들에게 다양한 해양 플랜트와 해양 플랜트에 적용되는 장비에 적용되는 기초 지식을 전달하는 것도 매우 중요하다고 할 수 있다. 이에 이 책은 생산 현장에서 engineer 로 일하게 되는 2년제 전문대 재학 학생들과 조선해양공학을 전공하는 4학년 학부에 재학하는 1~2학년 학생들에게 해양 플랜트 사업에서 가장 기본적이라고 할 수 있는 해양 플랜트 종류, 석유/가스 생산 관련 해양 플랜트 Topside 장비,  수중 작업을 위한 수중로봇, 수중 로봇 등에 장착되는 각종 센서 및 장비 및 해양파, 수중 음향 등에 대한 기초 지식을 전수하는 것을 목표로 하였다.

해양플랜트에 대한 체계적인 지식을 전달하기 위한 교재가 국내에 부족한 현실에서 2년간 직접 학생들에게 수업하였던 내용을 바탕으로 하여 현재 국내 조선소에 요구하고 있는 해양 플랜트 관련 지식 내용을 정리하여 저술하였지만, 아직 미흡한 부분이 너무 많은 이 책을 출판하는데 많은 도움을 준 거제대학교 조선해양공학과 교수님들과 대외협력센터 직원들에게 감사한 마음을 전합니다. 또한 이 책의 출판을 흔쾌히 맡아 주신 GS 인터비젼 송기수 사장님 이하 임직원 분들에게도 감사합니다.

2013년 4월 30일

저자 일동

# 차 례

머리말 ..... 1

차 례 ..... 3

1장 해양플랜트 사업의 중요성 ..... 7

연습 문제 ..... 12

참고 문헌 ..... 13

2장 해양플랜트 ..... 15

2.1 해양플랜트 개요 ..... 15

2.1.1 해양플랜트 정의 ..... 15

2.1.2 해양플랜트 역사와 종류 ..... 18

2.2 해양플랜트 종류 ..... 20

2.2.1 신에너지 생산 시설 ..... 20

2.2.2 대형 부유식 해양 구조물 ..... 32

2.2.3 석유/가스 개발 관련 해양플랜트 ..... 44

2.2.4 기타 해양플랜트 ..... 65

연습 문제 ..... 70

참고 문헌 ..... 71

3장 해양 장비 ..... 73

3.1 해양 장비 개요 ..... 73

3.2 계류 시스템(Mooring system) ······ 76

3.2.1 터렛계류(turret mooring) ······ 76
3.2.2 체인·와이어 다점계류 방식(spread mooring system) ······ 78
3.2.3 돌핀 계류 방식 ······ 79
3.2.4 동적 위치 유지 시스템(Dynamic position system) ······ 81

3.3 FPSO 탑재 석유 가스 생산 시스템 ······ 82

3.3.1 분리 시스템 ······ 84
3.3.2 안정기 (stabilizer) ······ 84
3.3.3 원유 수분 제거 (Crude oil dehydration) 시스템 ······ 86
3.3.4 압축(compression) 시스템 ······ 87
3.3.5 가스 수분 제거 (gas dehydration) 시스템 ······ 88
3.3.6 증류 (distillation) 시스템 ······ 88
3.3.7 주수 시스템 ······ 89
3.3.8 피그 주입기/회수기(pig launcher/receiver) ······ 89
3.3.9 기타 Utility Systems ······ 91

3.4 Drill ship 장착 장비 ······ 92

3.4.1 Derrick & Hoisting system ······ 94
3.4.2 Rotary System ······ 98
3.4.3 Pipe Handling System ······ 101
3.4.4 Mud System ······ 104
3.4.5 Drilling pipe system ······ 112
3.4.6 기타 장비 ······ 113

3.5 Subsea system ······ 115

3.5.1 URF (Umbilicals, Riser, Flow line) ······ 117
3.5.2 Pipe Connect System ······ 118
3.5.3 시추공 건설(Well construction) ······ 121
3.5.4 Well Control System ······ 123
3.5.5 Subsea Processing system ······ 128

3.6 수중 로봇 시스템 ··· 130
3.6.1 ROV ··· 130
3.6.2 AUV ··· 139
3.6.3 항법장치 ··· 146
3.6.4 Manipulator ··· 151
3.6.5 SONAR ··· 153
연습 문제 ··· 159
참고 문헌 ··· 161

4장 해양 장비 기초 이론 ··· 163

4.1 수중음향이론 ··· 163
4.1.1 음파 (Sound wave) ··· 164
4.1.2 대수 계산 (Logarithm) ··· 168
4.1.3 서로 다른 두 유체 경계면에서 반사 ··· 170
4.2 석유/가스 시추 및 정제 이론 ··· 172
4.2.1 석유 생성 과정과 유전 구조 ··· 172
4.2.2 석유 탐사 작업 ··· 176
4.3 해양파이론 ··· 181
4.4 환경 하중 ··· 188
4.4.1 풍하중 (Wind Force) ··· 189
4.4.2 해류 하중 (current force) ··· 189
4.4.3 파랑 하중 ··· 190
연습 문제 ··· 194
참고 문헌 ··· 195

부 록 ···· 197

1. 군사적 활용 가능성 ···· 197

2. 미국 해군의 무인잠수정 활용 전략 ···· 199

3. 우리 해군에 적합한 무인잠수정 활용 전략 ···· 202

참고 문헌 ···· 206

찾아보기 ···· 207

# 1 CHAPTER 해양플랜트 사업의 중요성

대한민국 조선해양 산업은 1974년 현대중공업 설립 이후 대한민국 대표 산업으로 성장해왔다. 2006년 기준으로 국내 총생산의 1.1%을 차지하고 있으며 대한민국 고용, 생산 및 부가가치에 차지하고 있는 비중은 3% 이상을 차지하고 있다. 또한 2008년, 2009년 기준으로 대한민국 수출에서 차지하고 있는 비율이 12.8%인 수출 1위 산업으로 성장하였다.

대한민국 대표 산업으로서 조선해양 산업은 2000년 이후 세계 신조 시장에서 일본을 제치고 10년간 세계 1위 위치를 지키고 있었으며, 세계 5대 조선소 중 5개가, 10대 조선소 중 7개가 대한민국에 위치하고 있는 등 대한민국 경제에 큰 영향을 미치고 있다. 그러나 2008년 세계 경제 위기 상황에서 2000년 이후 대대적인 시설 투자를 통하여 성장해온 중국의 조선해양 산업이 자국 조선소 건조 선박에 대한 선박 금융 지원 정책에 힘입어 많은 성장을 하면서 2010년 신조시장에서 대한민국을 제치고 1위를 차지하였다. 그러나 이러한 위기 상황에서도 대한민국 조선해양 산업은 2011년 신조 시장에서 40여 년간 축적된 기술을 기반으로 하여 1위 탈환에 성공하였다.

표 1.1 대한민국 조선해양 산업 위상

| | 2001 | 2002 | 2003 | 2004 | 2005 | 2006 | 2007 | 2008 | 2009 | 2010 |
|---|---|---|---|---|---|---|---|---|---|---|
| 무역수지(억불) | 90.1 | 98.5 | 103.5 | 140.7 | 158.2 | 201.1 | 246.3 | 378.3 | 402.6 | 439.0 |
| 생산(연GT) | 1,179 | 1,299 | 1,360 | 1,514 | 1,735 | 1,778 | 1,895 | 2,275 | 2,442 | 2,527 |
| 내수비중(%) | 0.0 | 0.1 | 0.0 | 0.1 | 0.2 | 0.0 | 0.0 | 1.6 | 1.6 | 1.4 |
| 수출(억불) | 99.1 | 108.7 | 113.3 | 156.6 | 177.3 | 221.2 | 277.8 | 431.6 | 451.3 | 491.1 |
| 수입(억불) | 0.9 | 10.1 | 9.9 | 15.9 | 19.0 | 20.1 | 31.5 | 53.3 | 48.7 | 52.1 |

표 1.2 2009년 세계 조선소 순위(수주잔량 기준)

| NO | 국가 | 업체명 | 최대 도크 수용력 | | | | 2008생산량 | | | 수주잔량(09.7) | | |
|---|---|---|---|---|---|---|---|---|---|---|---|---|
| | | | 길이(m) | 빔(m) | DWT | CGT | 척 | DWT | CGT | 척 | DWT | CGT |
| 1 | 한국 | 현대HL | 642 | 92 | 9.032 | 3.861 | 97 | 8.947 | 3.861 | 253 | 33.509 | 9.754 |
| 2 | 한국 | 대우SB | 530 | 131 | 5.559 | 2.396 | 42 | 5.559 | 2,396 | 186 | 27.900 | 8.861 |
| 3 | 한국 | 삼성HL | 640 | 98 | 5.618 | 2.531 | 53 | 5.016 | 2,531 | 188 | 23.411 | 8.792 |
| 4 | 한국 | 현대 Samho | 380 | 76 | 2.898 | 1.543 | 70 | 2.898 | 1,543 | 227 | 8.726 | 4.811 |
| 5 | 한국 | STX Shipbuld. | 385 | 74 | 2.643 | 1.149 | 49 | 2.643 | 1,149 | 178 | 19.593 | 4.811 |
| 6 | 한국 | 현대Mpo | 500 | 100 | 3.535 | 1.086 | 28 | 3.535 | 1,086 | 117 | 14.303 | 4.363 |
| 7 | 중국 | Daron Shipbid. Ind. | 674 | 96 | 3.262 | 820 | 32 | 2.624 | 820 | 111 | 18.458 | 3.419 |
| 8 | 중국 | Jangnan Changing | 580 | 120 | 1.455 | 290 | 4 | 628 | 112 | 119 | 13.684 | 3.253 |
| 9 | 중국 | Jangsu Rongsheng | 2.900 | 140 | 701 | 141 | 5 | 376 | 97 | 85 | 16.884 | 2.826 |
| 10 | 한국 | Sundong S.B. | - | - | 1.291 | 328 | 17 | 1.108 | 328 | 93 | 13.144 | 2.629 |
| 11 | 일본 | Oshimo S.B. Co. | 299 | 80 | 2.007 | 552 | 30 | 2.007 | 552 | 124 | 8.444 | 2.265 |
| 12 | 중국 | Waigooajoo S/Y | 540 | 106 | 3.389 | 657 | 22 | 3.331 | 639 | 63 | 12.608 | 2.077 |
| 13 | 일본 | Tsuneishi Zosen | 330 | 55 | 2.784 | 670 | 21 | 1.429 | 459 | 96 | 8.206 | 1.967 |
| 14 | 중국 | Jangsu New YZJ | 1.000 | 90 | 674 | 212 | 10 | 335 | 188 | 79 | 5.235 | 1.910 |
| 15 | 중국 | Zhoushon Jnhoiwon | 1.096 | 120 | 217 | 47 | - | - | - | 68 | 10.264 | 1.865 |
| 16 | 한국 | SLS Shipbuildng | - | - | 522 | 247 | 11 | 491 | 227 | 79 | 3.691 | 1.721 |

거센 중국 조선해양 산업의 추격을 대한민국 조선해양 산업이 이겨낼 수 있었던 이유는 40여년 축척된 조선해양 기술을 활용하여 개발한 대형 컨테이너선과 Drill ship 수주 경쟁에서 승리한 점이라고 할 수 있다.

지식경제부와 한국조선협회 자료에 의하면 2011년에 이어 2012년에도 대한민국 조선해양 산업은 7.5백만CGT(300억 달러)를 수주해 전 세계 수주1위(수주량 35% 점유)를 유지했으며, 수주 금액면에서 수주량 2위인 중국(7.1백만CGT, 154.5억 달러)의 2배에 이르는 것으로 국내 조선소가 해양플랜트, LNG선 등 고부가가치 선박에 우위가 있음을 다시 확인할 수 있었다. 수주 현황을 살펴보면 2012년 전세계 2척씩 발주된 LNG-FPSO, FPSO를 1척씩 수주(LNG-FPSO 1척(약 7.7억 달러), FPSO 1척(약 20억 달러))하고, LNG-FSRU 4척(약 12억 달러)을 전량 수주했으며, 세계 LNG선의 73%(24척, 약 49억 달러), 드릴쉽의 67%(26척, 약 93억 달러)을 수주하는 등 해양플랜트 및 고부가 선박분야 글로벌 경쟁력을 재확인했다.

이러한 세계시장 1위 수성은 중국과의 경쟁 속에서 대한민국 조선해양 산업이 지속적으로 발전하기 위해서 필요한 것은 중국 대비 우수한 기술력을 근간으로 하여 신형 선박과 해양 플랜트 관련 사업에서 지속적인 우위를 확보하고 이러한 우위를 이용하여 고부가치 선박 관련 시장을 선점하는 것과 해상 에너지 등과 같은 해양플랜 시장의 선도적 지위 확보라고 할 수 있다.

표 1.3을 살펴보면, 2008년 금융 위기 이후 조선해양 분야 신규 발주량이 2008년 수준을 회복하지 못하고 있는 사실을 확인할 수 있으며, 신규 발주 선박 가격 역시 선박과잉공급 및 선박발주수요 감소로 신조선가지수도 지속 하락해 2008년 8월 최고점(190) 대비 33.7% 하락한 125.9(2012년 11월말 기준)를 기록했다. 이처럼 조선 분야 시장이 어려운 현실에서 해양 플랜트 산업은 육상에 존재하고 있는 자원에 대한 개발 사업이 개발 용이한 환경에의 자원 고갈과 개발 사업으로 인한 환경 파괴 우려 등으로 많은 어려움이 겪고 있어 해양 자원 개발 중요성이 증대하고 있다는 점에서 미래에 많은 발전 가능성을 가지고 있다고 볼 수 있다.

표 1.3 전세계 발주량, 건조량, 수주 잔량 추이 (단위: 백만 CGT)
자료출처: Clarkson

| 구분 | 2007 | 2008 | 2009 | 2010 | 2011 | 2012 |
|---|---|---|---|---|---|---|
| 발주량 | 93.6 | 54.4 | 16.7 | 45.4 | 33.7 | 21.3 |
| 건조량 | 35.1 | 43.0 | 44.8 | 52.2 | 50.4 | 45.3 |
| 수주잔량 | 189.8 | 208.1 | 170.9 | 152.1 | 129.4 | 92.9 |

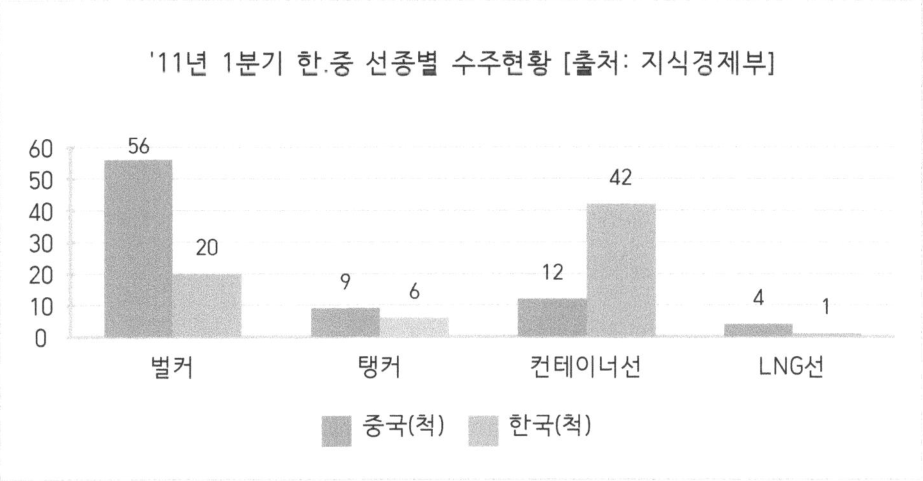


그림 1.1 '11 대한민국 중국 조선 수주량 비교.

이런 해양 플랜트 산업에서 대한민국은 기술력을 바탕으로 2012년 기준 수주액 300억 달러로 세계 시장에서 독보적인 1위를 차지하고 있다. 그러나 해양 플랜트에서 필수적이며 고가인 탑재장비 시장은 노르웨이, 미국 전문 회사가 독과점적으로 차지하고 있어, 수주액의 50%가량을 외국 회사에 지급하고 있으며, 해양 플랜트 관련 장비 시장에서 국산화 비율이 20%에 불과한 현실이다.

이러한 현실을 타파하기 위해서는 무엇보다 해양 플랜트 산업에 필수적인 각종 석유/가스 생산 관련 기자재에 대한 국산화 노력 및 각종 해양 장비에 대한 기술 및 지식 습득을 통하여 관련 시장에서 통할 수 있는 기술력을 튼튼하게 쌓아야 할 필요가 있다.

기업 조선·철강·기계

## 해양플랜트 올 20조원 수주했지만… 절반은 외국 업체가 가져간다

호경업 기자

기사 100자평(6) +크게 -작게

입력 : 2011.06.24 03:02

**현대重 등 국내 조선社 '빅3'… 기자재 부품 국산화율 20%**
**중국·브라질 '自國 건조' 강화, 국산화율 끌어올리지 못하면 10년 내 추월 당할 가능성**
**"수주 규모에만 매달리지 말고 협력社와 기자재 개발 나서야"**

요즘 현대중공업 울산조선소와 거제의 삼성중공업·대우조선해양 조선소를 가보면 작업 헬멧을 쓴 파란 눈의 서양인 엔지니어들을 쉽게 볼 수 있다. 이들은 미국 휴스턴에 본사를 둔 엔오브이(NOV·National Oilwell Varco)의 엔지니어들. NOV는 최대 수심 1만2000 피트(약 3600m)의 심해에서 4만 피트(1만2000m)까지 시추를 가능하게 하는 드릴링 기기를 생산해서 드릴십(심해 석유 시추선) 등에 설치하는 회사다. 1기에 1억달러(1100억원)가 넘을 정도로 드릴십에서 가장 비싼 장비를 다룬다. 작년 매출 122억 달러(13조원)에 영업이익 25억 달러(2조7000억원)를 거뒀다. 영업이익률이 21%다.

한국 조선이 드릴십·FPSO(부유식 원유생산저장하역 설비) 같은 해양 플랜트 시장에서 올들어 20조원(180억5000만달러)을 수주하는 등 시장을 싹쓸이 중이지만 말 못할 고민이 하나 있다. 핵심 장비인 드릴링 시스템처럼 외국산 장비 의존도가 너무 높은 것이다.

드릴링 시스템 분야만 보더라도 NOV는 노르웨이의 아커MH사와 이 분야를 독식한다. 드릴십이나 FPSO에는 두 회사 중 한 곳의 제품이 꼭 들어가 있다.

그림 1.2 해양 플랜트 시장 국산화 현황 출처 biz.chosun.com

국산화를 통한 기술력을 쌓기 위해서는 현재 세계 시장 1위를 지키고 있는 대형 조선사들이 석유/가스 생산 관련 해양 플랜트 플랫폼 시장이외에도 다양한 해양 장비 시장에 지속적인 진입 노력이 필요할 것이다. 부가가치가 큰 고가 해양 장비는 외국사 독과점 시장으로 진입이 어려움으로 진입 장벽이 상대적으로 낮은 수중 작업용 로봇을 이용한 해양플랜트 설치 유지 보수 시장, 석유/가스 해저 탐사 장비 시장 등으로 먼저 진입하고자 하는 노력이 필요하다고 할 수 있다. 이러한 노력으로 현재 측면주사소나 등 일부 탐지 센서 장비 국산화에 성공하였으며, 수중 작업용 로봇 상용화 및 국방 분야 적용을 위한 연구가 진행 중이다.

# 연습 문제

1. 조선해양산업에서 대한민국이 중국에 비해서 우수한 분야에 대해서 설명하시오.

2. 대한민국 해양플랜트 사업의 문제점을 설명하시오

# 참고 문헌

1) 12년 조선산업 동향 및 13년 전망, 지식경제부, 2013.1.15 보도자료
2) http://blog.daum.net/hygrapha/21
3) http://www.shipbuilding.or.kr/Report/Report_Views2013/2012ShipReview/2012ShipReview.html
4) http://biz.chosun.com/site/data/html_dir/2011/06/23/2011062302413.html
5) http://www.sonartech.com/sonartech/product/product_01.htm
6) http://auvac.org/people-organizations/view/263

# 2 CHAPTER 해양플랜트

## 2.1 해양플랜트 개요

### 2.1.1 해양플랜트 정의

해양플랜트(offshore plant)는 해양에 설치되어 있는 플랜트라고 할 수 있다. 플래트는 사전적 의미로 '씨를 뿌리다' 혹은 '땅 위에 건물이나 시설을 세우다'라는 뜻을 가지고 있는데, 이로부터 산업 기계, 공작 기계, 전기 통신 기계 등의 종합체로서의 생산 시설이나 공상을 의미하고 있다. 현재는 공장 그 자체 보다는 공장을 실제로 운용하는 기술이나 기계 설비 등의 대형 집합체 건설에 대한 작업을 의미하며 광의로는 대형 집합체 건설에 관련된 기술까지 포함하고 있다. 현재 우리나라 및 대부분 국가에서는 해양플랜트를 해저에 매장되어 있는 석유 및 가스 생산을 위한 해양 구조물로 정의하고 있지만, 다른 육상 플랜트 정의와 비교할 때 해양 플랜트를 해양에서 생산 활동을 수행하는 시설 및 장비의 종합체로 정의하는 것이 타당하다고 할 수 있다.

따라서 이 책에서는 해저 매장 석유/가스 관련 시추 시설 및 생산 시설 이외에도 해상 풍력 발전소, 조력 발전소와 같은 신(新)에너지 생산 시설과 해상 공장, 해상 공항, 해상 발전소와 같은 대형 해상 부유식 구조물 등 해양 공간을 이용하여 생산 활동을 수행할 수 있는 모든 플랫폼을 해양 플랜트로 정의 한다.

여기서 해양 공간은 전통적으로 해상수송, 항만, 어업의 터전으로서 '바다'를 가리키며 또한 바다는 각종 공업제품의 생산, 원료 및 제품의 저장기지로도 이용되고 있다. 최근에는 도시 주변의 친수공간(waterfront) 개발을 통해 새로운 도시를 건설하고, 바다가 가진 쾌적성과 해양레저에 대한 사회적 요구 증대로, 해양 공간 이용은 점점 다양한 분야로 확대되고 있다.

해양플랜트를 대표하는 해저 매장 석유/가스 관련 플랫폼 사업 규모는 2010년 기준으로 세계적으로 약 90조원에 이를 것으로 추산되고 있다. 이러한 해양 플랜트 사업 규모는 미래에는 육상 석유전/가스전 고갈 및 고유가 시대를 대처하기 위한 해저 석유전/가스전 개발 및 생산 이외에도 망간단괴 채굴/ 메탈하이드로이드 개발과 같은 육상 자원을 대치하기 위한 개발 사업과 적극적 해상 공간 활용을 위한 해상 발전소 / 해상 공항 개발 등으로 더욱 증가할 것으로 예상되고 있다. 보고서에 의하면 2014년 해양 플랜트 시장 규모는 140조원으로 추산되고 있으면, 2020년경에는 500조원 시장으로 성장할 것으로 추산되고 있다.

그림 2.1 석유/가스 생산 해양 플랜트 출처: http://www.dsme.co.kr

그림 2.2 신재생 에너지 생산 해양 플랜트   출처: http://blog.kma.go.kr/270

그림 2.3 부유식 해상 구조물
출처: http://www.seasteading.org/engineering/clubstead-design/

## 2.1.2 해양플랜트 역사와 종류

해양 플랜트 산업의 시작은 예상보다 이른 시기에 이루어졌다. 근대 해양 플랜트 사업의 시초는 1896년 미국 캘리포니아 Summer land 지역에서 세계 최초 해저 석유 시추 사업으로 볼 수 있다. 해변에서 매우 가까운 지역에서 석유를 채굴하기 위한 장비를 설치하고 설치된 장비를 파이프를 연결하여 육상으로 채굴한 석유를 바로 이동 시킬 수 있는 장비였다. 아래 그림은 최초의 해상 유전 설치 장소와 설치 장비를 보여주고 있다. 그림 2.4와 같이 최초 해상 유전은  해안에서 몇 십 미터 떨어져 있는 곳에 수심도 10미터 이내의 매우 얕은 해안 지역에 설치되었다. 현재 최초 유전은 생산을 마치고 해체되어 원래의 해안 모습만이 남아 있다.

이후 해안과 가깝고 수심이 얕은 해역과 내륙 호수에서 주로 석유시설이 설치되어 오다, 2차 대전 이후 석유 사용량이 증가하면서 1953년 멕시코 만에 최초 현대적 시추 설비로 Jacket platform이 설치되었다. 이때 사용되었던 Jacket platform은 육상에서 석유 개발에 사용하고 있던 형태를 그대로 적용하여 설치하였다. 이후 1963년 멕시코 만에 고정식 형태가 아닌 최초 반잠수식 시추 설비가 설치되었다. 반잠수식 시추 설비가 개발되어 설치된 이후에도 해상 유전에 대한 개발은 주로 수심이 천해역(200m)이고 비교적 파도가 잔잔하여 설치 작업이 용이한 멕시코만 등에서 주로 이루어져 왔다. 그러나 1970년대 1차 오일 쇼크 이후 국제 유가가 급등하면서 유전 개발에 대한 수요가 증가하면서 그 동안 유전을 발견하였지만 높은 파도와 낮은 기온으로 유전 개발이 이루어 지 않았던 유럽 북해에 중력식 시추 설비 설치가 되어 본격적이 해상 유전 시대가 개막되었다. 2차 오일 쇼크 이후 석유 생산 가격을 보다 낮추기 위하여 1977년 최초 FPSO(Shell Castellon)가 건조되었다. 해상 유전을 위한 장비들로 발전하여 1961년 Drillship(CUSS I)을 이용하여 멕시코 만에 최초 시추 작업이 이루어졌다. 1970년대 이후 해양플랜트 사업은 해상 유전/가스전 개발을 위주로 발전해왔다.

1980년대 이후 화석 연료를 대신하기 위한 대체 연료에 대한 연구 개발이 활발히 이루어지면서 1991년 덴마크 Vindeby 해역에 세계 최초로 4.95 MW 발전 용량을 가진 해상 풍력단지가 건설되었다. 이러한 시설은 한 가지 목적으로 건설되는 경우도 있고 각종 시설을 조합하여 복합적인 기능을 부여하는 경우도 있다. 해양플랜트 시설의 가장 큰 장점은 육상구조물에 비해서 설치장소의 제약이 비교적 적다는 것인데 수심이 낮은 곳은 물론 어느 정도수심이 깊은 곳에도 부체의 특성을 이용하여 대규모 구조물을 설치할 수 있기 때문이다. 또한 소음이나 악취 등 환경문제나 토지

그림 2.4 최초 근대 해상 유전

그림 2.5 다양한 석유/가스 생산 해양 플랜트

수용에 따른 주민의 반대여론에서 자유로울 수 있다는 장점도 있다. 그리고 건설비용이 적게 드는 해안에서 제작을 완료하여 필요한 장소로 이동이 가능하기 때문에 현장에서의 건설기간이 짧다는 경제적인 이점도 가지고 있다. 반면 폭풍이나 부식과 같은 열악한 해상환경으로 인해 현장에 설치된 해양플랜트 수명에는 한계가 있으며 특히 부유식 구조물의 경우 재래식 계류방식으로는 부체의 동요와 이동을 완전히 방지하는 것이 곤란하다는 단점을 가지고 있다.

# 2.2 해양플랜트 종류

해양플랜트를 분류하는 방법으로 그 목적과 기능에 따라 구분하는 것이 일반적인데 그에 앞서 해양플랜트의 구조형태나 이동방식에 따라 구분하는 것도 가능하다. 해양플랜트는 해양에 설치되어 있는 구조형태에 따라 크게 고정식(fixed type) 구조물과 부유식(floating type) 구조물로 구분할 수 있다. 또한 두 형식의 장점을 결합한 하이브리드(hybrid) 구조물도 존재한다. 또한 기능에 따라서도 구분이 가능하다. 본 절에서는 기능에 따라서 현재 설치되어 운용되고 있거나, 개발 예정 중인 해양플랜트 종류에 대해서 개요를 설명한다.

## 2.2.1 신에너지 생산 시설

석유, 석탄과 같은 화석 에너지 자원 사용으로 인한 지구 온난화 방지 및 화석 에너지 자원 고갈을 대비하기 위하여 이를 대체하기 위한 신에너지 생산 시설에 대한 많은 연구와 투자가 현재 진행되고 있다. 이중 해양에서 획득할 수 잇는 에너지는 이용하는 방법 및 시설에 대한 많은 연구 개발이 이루어지고 있다. 해양 에너지를 신재생 에너지로 이용하게 되면 얻을 수 있는 장점을 정리해보면 다음과 같다.

우선 해양에서 공급되는 에너지 양이 거의 무한한 재생에너지(renewable energy)로서 전 세계의 해양에서 활용이 가능하다. 또한 청정에너지로서 해양오염이나 대기오염의 걱정이 없다. 그리고 초고온이나 초고압 등 환경을 고려하지 않아도 되기 때문에 특수재료를 사용해야 할 필요성이 적다. 해양에너지의 단점은 에너지 생산가가 계절에 많은 영향을 받는 것은 아니지만, 생산 가격에 큰 영향을 줄 수 있는 에너지 밀도가 매우 낮으며 인위적으로 조절이 불가능하다는 점과 해양이라는 가혹한 환경에서 가동하기 때문에 기술적으로 많은 어려움이 있어서 현재까지는 경제성 있는 개발조건이 아니라는 점이라고 할 수 있다.

경제성를 가지도록 하기 위해서 선결해야 하는 문제 중 가장 대표적인 것은 가동률과 발전효율을 높이 는 동시에 출력을 안정시키는 것이며 또한 육지로부터 멀리 떨어진 곳에서 얻어진 전력을 육상으로 송전하는 방법도 문제가 된다. 현재 해양에너지를 발전에 이용하는 시스템은 개발단계에 있으며, 일부를 제외하고는 아직 실용화되어 있지 않다. 화석 에너지 자원의 상당 부분이 현대 사회에서 필수적인 전기를 생산하기 위하여 사용되고 있는 점을 해결하기 위해서 자연에서 발생하는 에너지를 손쉽게 변환이 가능한 풍력발전, 조력발전, 파력 발전 등이 현재 실용화에 성공하여 실제적으로 무공해 전기 에너지를 생산하고 있다. 이에 본 절에서는 조력 발전, 파력 발전에 대해서 소개하고 이에 대한 개요을 소개한다.

### 1) 풍력 발전

풍력(風力)발전은 풍력 프로펠러와 터빈을 이용해서 바람을 전력으로 바꾸는 일이다. 풍력발전은 이산화탄소 배출이 없는 무공해 자원으로서 무엇보다도 바람의 밀도가 풍력발전에 적합한 지역이 세계 각지에 존재한다는 사실이 기존의 화석연료를 이용한 발전을 대체하는 매력적인 에너지원으로 최근 각광받고 있다.

현재 미국, 유럽 등에서 자연적으로 발생하는 힘을 이용하여 전기를 생산하는 풍력 발전소 등에 많은 투자를 진행하고 있다. 풍력 발전소는 바람의 에너지 밀도가 높아야 하기 때문에 입지적 측면에서 많은 제약을 받기도 하지만, 풍력 발전기가 풍력 에너지를 효율적으로 활용하기 위해서는 바람을 맞는 면적 커질수록 유리하기 때문에 대개 지름이 수십 m에 이르는 날개를 3개 가진 구조로 개발되어 있다. 이러한 대형 날개를 가진 풍력 발전기을 육상에 설치하게 되면  주변 거주 인구에 대한 영향 때문에 입지 선정 및 소음 문제에서 많은 문제점이 발생할 가능성이 높다고 할 수 있다.

이에 비해 해상 풍력 발전소는 발전소 주위에 사람이 거주하고 있기 않기 때문에 소음 문제 등에서 많은 점이 유리하다고 할 수 있다. 이러한 이유에서 유럽 각 국은 해상 풍력 발전소를 화석 에너지 자원을 이용하는 화력 발전소를 대치하기 위한 수단으로 삼고 상용화에 노력하고 있다. 이러한 노력 끝에 1991년 덴마크는 세계 최초로 4.95 MW 용량의 전력 생산이 가능한 해상 풍력 단지를 건설하였으며, 그 이후 영국과 독일도 상업 생산이 가능한 해상 풍력 단지를 건설하여 운용하고 있다. 그림 2.6은 세계 최초로 설치된 덴마크 해상 풍력 발전 시설을 보여주고 있으며, 그림 2.7은 세계 각국의 주요 해상 풍력 발전 단지 현황(2008년 기준)을 보여주고 있다. 해상 풍력 발전은 해저 지반 기초위에 풍력 발전기를 설치하여 해상에서 부는 안정된 바람을 통해 생산된 전력을 해저케이블을 통해 육상 변전소로 송전하고 변전소를 통해 계통에 연계하거나 수요자에 직접 공급하는 사업이라고 정의 할 수 있다.

세계 풍력발전의 전망을 보면 1995년부터 매년 25~45%씩 급성장하고 있으며 2005년에서 2008년 사이 3년간 풍력발전을 통한 전력 생산이 2배 증가하였다.

2008년 현재 덴마크에서는 전체 발전량의 19%를 풍력발전으로 생산하고 있고, 스페인과 포르투갈은 11%, 독일과 아일랜드는 7%의 전력을 풍력발전을 이용해 생산하고 있다. 국내에서의 풍력 발전이 전체 발전량에서 차지하는 비율은 0.1%에도 미치지 못하며 이는 독일이나 덴마크, 스페인 등 선진국에 비해 극히 미미한 수준이다. 하지만 국내의 풍력발전 잠재량은 상당히 커서 2004년도 국내 총 발전량 342 TWh의 1.93배 정도로 추정되며, 이 중 5% 정도만 개발되어도 국내 총 발전량의 11.6%에 이른다. 바람의 에너지 밀도가 높아서 풍력발전의 최적지로 꼽히는 곳은 겨울철 북태평양과 북대서양이며 국지적으로 살펴보면 유럽의 북해와 동아시아의 연안, 북미의 동해안이 적합지라고 할 수 있다. 국내의 경우는 서해안과 제주도 그리고 태백산맥을 따라 풍력발전에 적합한 지역이 분포되어 현재 제주도와 태백산맥에는 육상 풍력발전기가 설치되어 실제 전기를 생산하고 있으며, 서해안 완도 지역에는 해상 풍력발전 단지를 건설하기 위한 시범 사업이 진행되고 있다.

풍력 발전기는 보통 세 개의 날개를 가진 구조가 터빈의 피로를 최소화하는 디자인으로 가장 널리 쓰이고 있다. 단위 면적당 발전효율을 높이기 위하여 풍력발전기를 단독으로 설치하기 보다는 집단으로 설치하는 풍력발전단지(wind mill farm)가 육상과 해상에 모두 적용되고 있는 추세이다. 풍력발전을 하는 방법은 직접식과 축전식이 있는데, 직접식은 교류 풍력발전기를 직접 전력생산에 이용하는데, 바람의 변화에 영향을 크게 받기 때문에 풍속에 관계없이 날개를 일정한 속도로 회전시키기 위해 풍속에 따라 날개 기울기를 바꾸는 제어장치가 필요하다. 축전식은 풍력발전기에서 얻은 전기를 축전지에 저장한 후 이용하는데, 이것은 안정적인 전력 공급이 가능하지만 설치비가 비싸진다.

그림 2.6 덴마크 해상풍력발전 시설

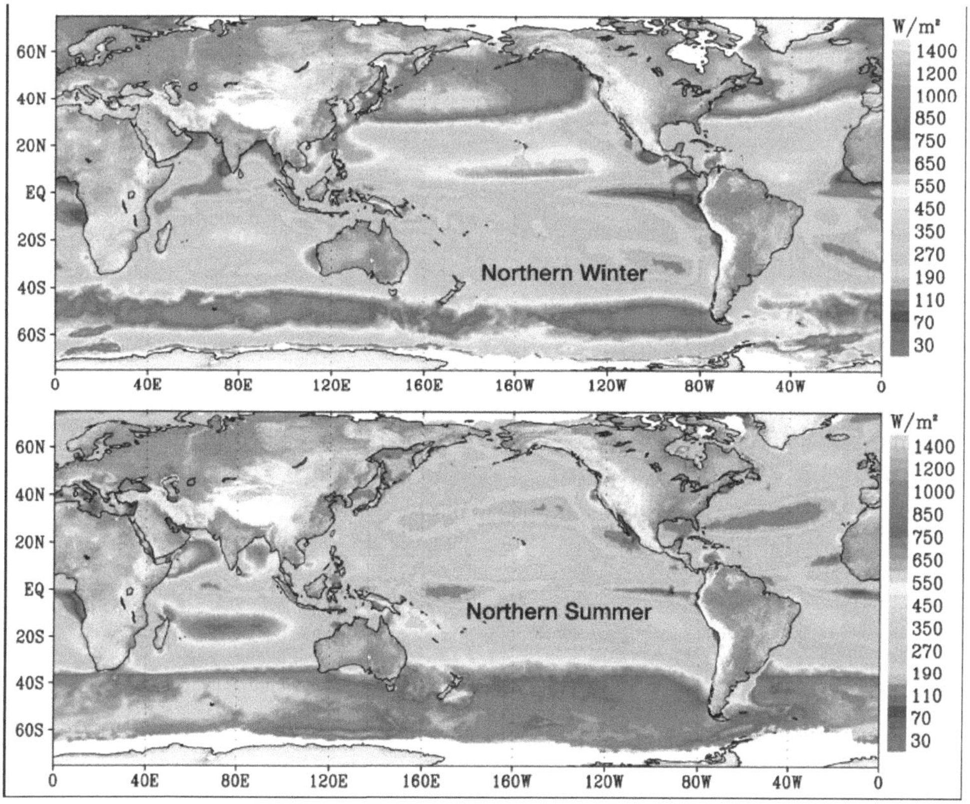


그림 2.7 겨울철 및 여름철에 해양에서의 바람의 에너지 밀도
출처 : http://www.nasa.gov/centers/jpl/images/

그림 2.8 해상 풍력발전기의 설치 모습

표 2.1 세계 10 대 해상 풍력 발전 단지 (2012년 기준)

| Wind Farm | Capacity (MW) | Country | Turbines & model | Official Start |
|---|---|---|---|---|
| Greater Gabbard | 504 | UK | 140 × Siemens 3.6-107 | 2012 |
| Walney (phases 1&2) | 367.2 | UK | 102 × Siemens 3.6-107 | 2011(phase 1)<br>2012(phase 2) |
| Sheringham Shoal | 315 | UK | 88 × Siemens 3.6-107 | 2012 |
| Thanet | 300 | UK | 100 × Vestas V90-3MW | 2010 |
| Thorntonbank Phases 1 & 2 | 215 | Belgium | 6 x REpower 5M, 30 x 6M | 2012 |
| Horns Rev 2 | 209.3 | Denmark | 91 × Siemens 2.3-93 | 2009 |
| Rødsand I I | 207 | Denmark | 91 × Siemens 2.3-93 | 2010 |
| Chenjiagang (Jiangsu) Xiangshui | 201 | China | 134 × 1.5MW | 2010 |
| Lynn and Inner Dowsing | 194 | UK | 54 × Siemens 3.6-107 | 2008 |
| Robin Rigg (Solway Firth) | 180 | UK | 60 × Vestas V90-3MW | 2010 |

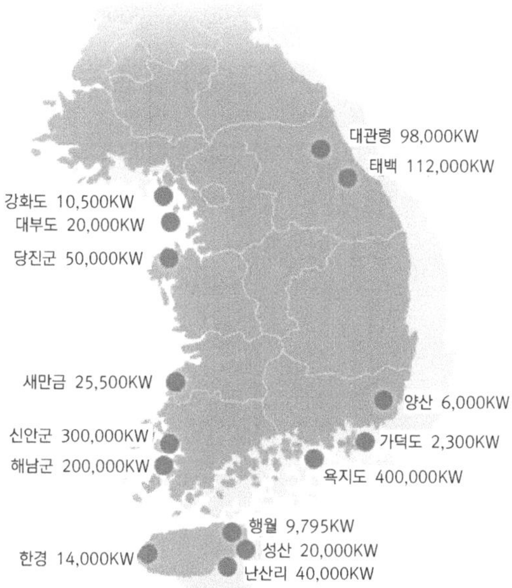


그림 2.9 국내 설치 예정인 풍력 발전시설 현황
(자료출처 : 산업자원부, 2005)

## 2) 조력 발전

조력발전은 간만의 차가 큰 하구나 만을 둑으로 막아 터빈을 설치하고 밀물 때 들어온 해수를 가두었다가 썰물 때에 수위차를 이용하여 흘려보내며 터빈을 돌려 전력을 생산하는 방식이다. 비록 발전소 건설 입지에 대한 제약은 있지만, 지구와 달의 인력으로 발생하는 조석 간만 차이를 이용하기 때문에 에너지원이 무제한 · 무한정이고 공해를 발생하지 않는 장점을 가지고 있어 이러한 점에서 신 에너지 자원으로 일찍부터 각광을 받아왔다.

하지만 조력발전은 조석간만의 차가 큰 지역에서만 가능하고 수위차가 아무리 커도 16 m 정도로 육상의 수력발전소 낙차에 비하면 아주 작기 때문에 충분한 발전량을 얻기 위해서는 밀물 때 들어온 해수를 가두어둘 저수지가 넓고 유량이 풍부 해야만 한다는 점에서 건설비가 많이 들고, 조력 발전 핵심요소인 간만의 차는 계절에 따라 변동되기 때문에 발전량 기복이 있고, 조위가 일정한 시간대에서는 발전할 수 없다는 점과 건설 시 간척 사업과 마찬가지로 해양생태계에 끼치는 나쁜 영향을 줄 수 있다는 점이 조력 발전의 단점이라고 할 수 있다.

조력발전은 하루에도 조석의 변동에 따른 출력의 변동이 크기 때문에 이것을 가능한 평균화하는 것이 필요한데 다음과 같은 방식이 이루어지고 있다. 단일 저수지 방식은 밀물 때 저수지의 수문을 모두 열고 해수를 받아들이고 썰물 때는 터빈을 돌리는 수문만 열어서 발전을 한다(1방향식). 반면 터빈을 양방향의 흐름에 대해서 모두 가동되도록 해서, 밀물과 썰물 때 모두 발전이 가능하게 한 것도 있다(양방향식). 두 개의 저수지를 설치하는 방식은, 고수위 저수지에는 밀물일 때 양수 펌프로 해수를 채우고 저수위 저수지에서는 썰물 때 배수하는데 발전은 두 개의 저수지 사이에서 이루어진다.

1966년 프랑스 Rance 지역에 240 MW 발전 용량를 가진 세계 최초 상용 조력발전소가 건설되어 가동되고 있다. Rance 지역 조위차는 최대 13.5 m, 평균 조위차가 8.5 m로서 이곳에 10 MW 발전기 24기를 설치하여 양방향 방식 발전 용량은 240 MW에 이른다 풍력 발전기에 비해서 먼저 시작하였지만, 입지에 대한 제약이 많기 때문에 풍력 발전과 최초 설치 역사에 비해서 널리 대중화되지는 않았다. 그러나 우리나라는 조력발전에 유리한 입지를 가지고 있었기에 2011년 평균 조위차가 5.64 m 경기만 일대 시화호 지역  발전용량 21 MW의 터빈 12개를 설치해 시설용량이 총 254 MW 발전 용량을 가진 국내 최초 조력 발전소인 시화호 조력 발전소 완공하고 가동에 들어갔으며, 현재는 충남 태안의 가로림만에도 520 MW급 조력발전소를 계획하고 있다.

그림 2.10 Rance 조력 발전소

그림 2.11 시화호 조력 발전소

### 3) 조류 발전

조류(潮流)는 한 지역에서 하루에 두 번씩 조석간만의 차에 의해 바닷물이 드나드는 것을 말하는데 조류의 세기는 국지적인 지형에 따라 지역별로 큰 차이를 보이며 달라진다. 조류발전은 이처럼 조류가 빠른 즉 바닷물의 유속이 빠른 곳에 수차를 설치해 발전하는 방식으로서 지형적으로 유속이 특별히 빠른 해역을 찾을 수 있다면 날씨나 계절변화에 관계없이 발전량을 지속적으로 유지할 수 있다. 조류 발전은 조석 발전과 달리 자연 환경에 변화를 가져올 수 있는 건축물을 건설하지 않고 생태계에 변화를 주지 않고 자연적인 바닷물의 흐름을 그대로 이용한다는 면에서 대단히 환경 친화적이라는 점과, 풍력 발전기와 같은 터빈 방식을 사용하더라도 해수의 밀도가 공기보다 900배 가까이 크기 때문에 동일 발전량 대비 조류발전기 터빈의 크기가 훨씬 작아도 된다는 장점을 가지고 있다.

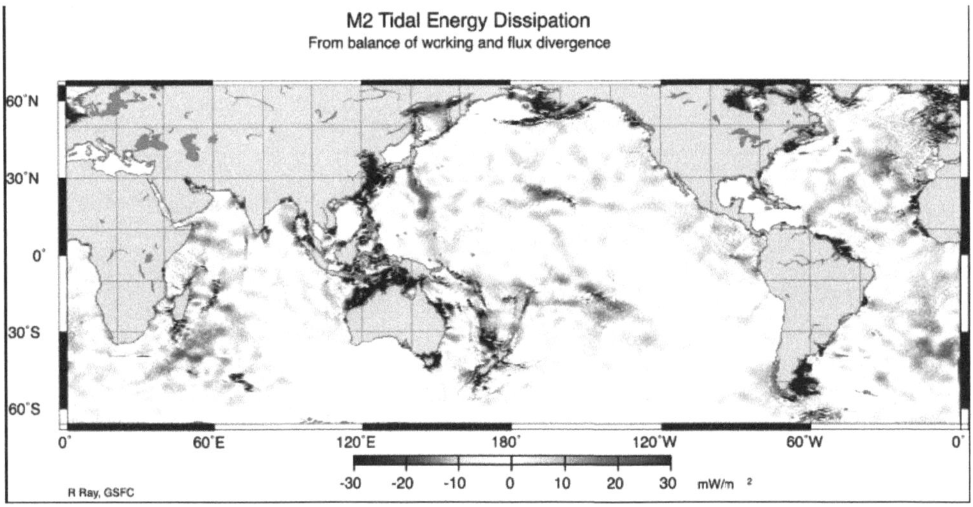


그림 2.12 세계 해양의 조류에너지 밀도 분포
출처 : www.icit.hw.ac.uk/student_project/sweyn5.htm

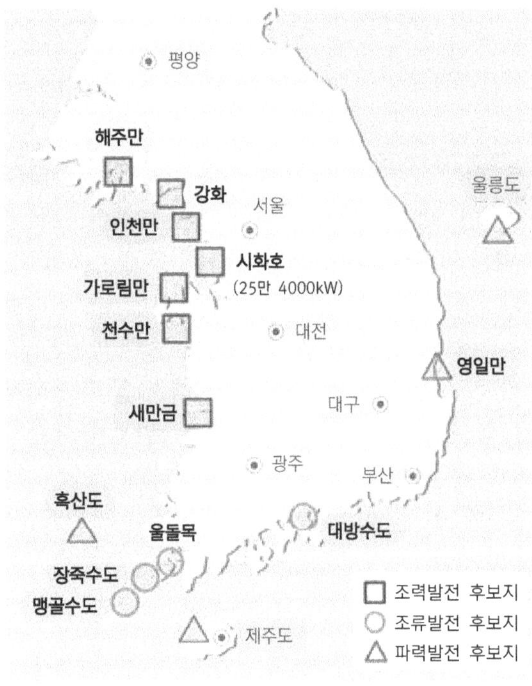


그림 2.13
우리나라 연안의
조류/조력/파력발전
후보지

a) 수평축 조력 발전기

b) 수직축 조력 발전기

그림 2.14 조력 발전기 분류

조류발전 시스템은 수평축 방식과 수직축 방식이 있다. 수평축 방식은 육상의 수력 발전에서 사용되고 있는 수차나 풍력발전에 쓰이는 것과 같은 대형 프로펠러와 터빈을 이용하는 것이다. 수평축 방식의 효율을 향상시키기 위해서는 축의 중심을 조류의 방향에 따라 바꾸어주는 것이 필요하다. 조류는 한 방향으로만 흐르지 않기 때문에 조류발전 시스템은 두 방향, 경우에 따라서는 여러 방향의 조류에 따라 프로펠러 형태의 터빈의 회전축 방향을 바꾸어주는 기계장치가 필요하다. 최근에는 조류의 방향과 무관하게 한 방향으로만 돌아가는 나선형(helical)의 수차가 개발되었다. 수직축 방식은 조류의 방향과 수직하게 수차의 회전축이 놓이는 방식이다. 조류발전 시스템은 해저면에 고정되거나 선박이나 반잠수식 해양구조물에 설치된다. 보통 유속이 5~6 knots로 대단히 빠르기 때문에 조류발전기를 고정시키는 데 체인·와이어나 파지력(把地力)이 큰 앵커 등이 사용된다.

조력 발전과 비슷한 개념으로 해류 발전을 들 수 있다. 조석 간만 차이로 발생하는 조류와 달리 지구의 해수 대순환에 따른 바닷물의 흐름은 해류(海流)라고 하는데 조류와 달리 연중 거의 같은 방향으로 움직이는 기 때문에 해류를 이용해서 발전을 한다면 조류 발전보다 안정적인 발전이 가능할 것으로 예상이 되나, 해류의 운동에너지를 기계적인 회전운동으로 바꾸어 주는 수차의 효율성이 아직 떨어져 개념설계 단계나 소규모 실험용으로만 사용되고 있다.

### 4) 심해저 광물자원 채취 시설

21세기를 맞아 세계는 육상 금속자원의 고갈로 공급과 수요의 심각한 불균형에 직면하게 되었다. 특히 개발의 핵심인 중국은 세계의 원자재를 끝없이 빨아들이고 세계 각지에서 새로운 자원을 확보하는 데 전력하고 있다. 선진공업국에서는 미래에 대한 대비방안의 하나로 심해저에 있는 막대한 양의 해저 광물자원을 개발하려는 계획을 구체화시키기에 이르렀다. 일반적으로 수심 500~6,000 m 사이에 분포하는 광물자원을 심해저 광물자원이라고 하며, 망간단괴(manganese nodule), 코발트각(cobaltcrust), 해저 열수광상 등이 여기에 해당된다. 특히 하와이 동남부 해역의 심해저에 고 품위의 망간단괴가 집중적으로 분포해 있어서 앞으로의 개발이 가장 유망한 해역이다.

망간단괴는 4,000~6,000 m 심해저에 넓게 분포하는데, 해수 및 퇴적물에 녹아 있는 금속성분이 해저면에서 물리·화학적 작용으로 침전되면서 형성된 직경 0.5~25 cm 크기의 금속산화물로 많은 유용한 금속을 함유하고 있다. 함유금속 중 상업적 관심이 높은 금속은 특수강 합금에 필요한 코발트, 니켈, 구리, 망간 등이다. 태평양 심해저에 있는 클라리온 클리퍼톤(Clarion-Clipperton) 해역은 우리나라 단독개발광구로 하와이 남동쪽 2000 km 지점에 위치하고 있으며 면적은 7만5천 km$^2$로 남한

그림 2.15 망간 단괴

면적의 3/4 정도이다. C-C 해역의 수심은 4,500~5,600 m로서 태평양 심해지역 가운데 비교적 평탄한 지형이며, 퇴적층 두께는 평균 200 m 정도이다. 우리나라는 1992년부터 본격적으로 탐사에 뛰어들어 남한의 14배 면적인 138만 $km^2$를 탐사해 국제해저기구(ISA : International Seabed Authority)의 심사를 받아 최종적으로 2002년에 7만5천 $km^2$의 단독개발광구를 확보했다. 우리나라는 이 해역을 우리의 단독개발광구로 1994년 유엔에 등록한 뒤 국제해저기구와 15년간 탐사계약을 맺고 2002년부터 탐사를 하고 있다.

우리나라의 심해저 광물자원 개발은 크게 자원탐사와 상업생산을 위한 기술개발 부문으로 나누어서 볼 수 있다. 자원탐사 부문은 광역탐사, 정밀탐사, 퇴적물 조사, 시료 채취 및 부존율 평가, 해저지층, 해양환경 기술연구 등으로 이루어지는데 우리나라는 선진국에서 운영하는 6천 m급 유인잠수정을 제외하고는 모든 탐사장비 및 기술이 확보되어 국제적 수준의 탐사기술과 연구능력을 갖추고 있다.

심해저 망간단괴 개발은 탐사 → 채광 → 수송 → 제련의 4단계로 이루어진다. 이 중 채광시스템은 해저에서 단괴를 모으는 집광시스템, 모아진 망간단괴를 해저에서 해상까지 올려보내는 양광시스템, 그리고 채굴된 망간단괴를 저장, 하역하는 채광선박으로 구분된다.

집광시스템은 해저면을 이동하면서 망간단괴를 채취하여 이를 양광시스템으로 보내는 장치로서 채광단계에서 가장 중요한 부분이다. 집광기는 진공청소기와 같은 흡입식, 기계식, 그리고 이 두 가지를 혼합한 방식이 있다. 흡입식 집광기는 망간단괴를 해저면에서부터 파이프를 통해 흡입하는데 수평방향 고속 물분사로 처리한다. 물, 망간단괴, 퇴적물이 섞인 혼합물은 체를 통해 걸러져 망간단괴를 분리하고 망간단괴는 세척동을 통과한 후 파이프 속으로 들어가게 된다.

기계식 집광기는 해저면 바닥을 깎는 쟁기와 같은 칼날과 깔때기 모양의 상자 등으로 구성된다. 퇴적물은 고속 물분사에 의해 체를 거치며 분리된다. 집광기는 파이프라인과 연결되어 있다. 2개의 분사구로부터 뿜어 나오는 제트 분사는 바닥에 있는 망간단괴를 위로 이동시키고, 단괴들이 어떤 높이에 도달하면 분사기가 단괴를 유송통로 상부로 보내버린다. 양광시스템은 채취된 망간단괴를 선박까지 운송하는 장치이다. 강철로 된 파이프와 집광기가 신축성 있는 연결장치와 고무호스로 연결되어 있다. 망간단괴를 운반하는데 사용한 양광기는 CLB(continuous line bucket) 방식과 유체 드레지(dredge) 방식이 있다. CLB 방식은 여러 개의 버켓(bucket)이 달려 있는 연속된 폐쇄(閉鎖)고리의 로프(rope)를 선상에서 해저

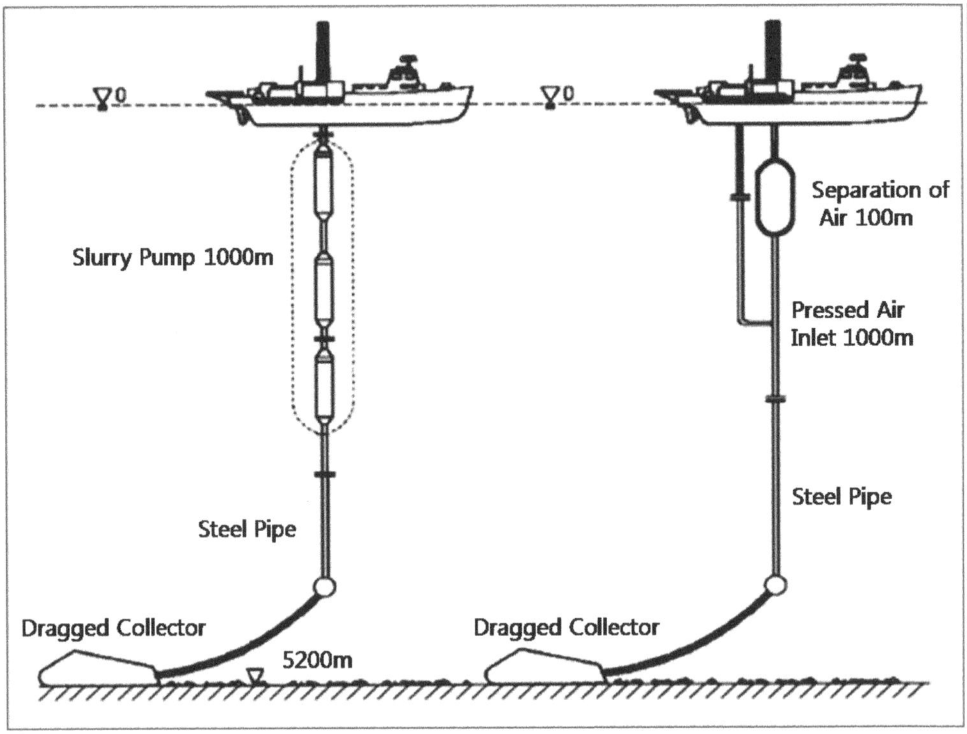


그림 2.16 심해저 망간단괴 양광시스템
출처 : www.kadom.or.kr/korea/business/image/

로 내려서, 로프를 순환시켜 망간단괴를 선상에 끌어 올리는 방식이다. 유체 드레지(dredge) 방식은 배에서 해저까지 유연한 파이프를 내려, 파이프의 끝 부분에 채집기(collector)를 설치한다. 채집기에 모아진 망간단괴는 펌프에 의해 흡입(suction) 또는 공기부양(air lift)에 의해서 연속적으로 끌어 올려진다. 이 방식은 최초 태평양 5,100 m 해저로부터 연속채광에 성공하였으며, 상업적으로는 가장 유망한 방법으로 생각된다.

## 2.2.2 대형 부유식 해양 구조물

최근 인구가 증가하고 산업이 발달되면서 육상의 주거 및 일상생활에 필요한 공간이 부족해지는 상황을 맞아 해상에서 이러한 생활공간 수요를 충족시키기 위한 시도가 하나씩 가시화되고 있다. 연안을 매립하여 신도시를 조성하고 주거 및 교통시설을 해상에 확충하는 구체적인 사례들이 우리 주변에 나타나고 있는 현실이다. 하지만 매립에 의한 해양공간의 창출은 그 동안 많은 사례가 있음에도 불구하고 경제성을 포함 여러 가지 한계점을 가지고 있다. 그 중에서도 가장 중요한 것은 그간 대부분 매립사업의 결과가 환경파괴로 이어지고 있다는 문제이다. 일단 매립에 의해 해양환경의 변화가 일어난 후에는 다시 원래의 상태로 되돌릴 수 없다. 갯벌의 매립과 이에 따른 해안선의 변화는 해안 토사의 유실을 유발하고 해양생물의 서식환경을 바꿈으로써 수많은 생명을 파괴하게 된다는 것이다. 매립이 주로 갯벌을 토대로 이루어진다는 것을 생각하면 매립을 통한 육상공간의 확대란 매우 우려스러운 환경파괴라는 결과를 쉽게 예측할 수 있다.

대형 해상 부유식 구조물은 인천공항과 같이 해상을 매립하여 구조물을 건축하는 대신 해상에 부유식 대형구조물을 계류하고 대형 구조물 위에 생산과 거주 등에 필요한 건물이나 시설 등을 건축한 구조물이라고 정의할 수 있다. 즉 생산 이외에도 생활과 거주의 개념을 지닌 부유식 해상 구조물이라고 할 수 있다. 이러한 대형 해상 부유식 구조물은 해상 공장, 해상 공항, 해상 발전소 등을 예로 들 수 있다. 대형 해상 부유식 구조물은 해저면에 고정되지 않아서 해수교환이 원활하고 이동이 가능하여 매립보다 훨씬 친환경이고 시공기간도 짧다는 장점이 있어서 육지에 가까운 연안뿐 아니라 앞으로는 해안에서 멀리 떨어진 곳으로도 그 설치해역을 넓혀갈 수 있다는 전망이다. 현재까지는 구체적인 건설 사례가 매우 드물기는 하지 만 조만간 부유식 구조물을 이용한 교통시설, 거주시설 및 관광레저, 스포츠 시설 등이 현실화될 것으로 예상된다.

대형 해상 부유식 구조물의 시작은 1973년 일본 간사이 공항 건설 계획 수립 당시 부유식 공항 개념 도입이라고 할 수 있다. 비록 실행에 옮겨지지는 않았지만, 이때부터 해상에 대형 부유식 구조물을 설치하여 환경 파괴를 최소화하는 해양 개발 개념이 시작됐다고 할 수 있다. 이러한 대형 부유식 구조물 개념은 1988년 일본 부유식 석유 비축 기지 건설로 실제화 되었으며, 1995년 일본 시험용 부유식 공항 (길이 300 m) 건설로 상용화를 위한 연구도 본격화 되고 있다. 미 해군도 항공모함의 보급기지와 소형 항공 기지로 사용하기 위한 Mobile Offshore Base 연구 중에 있다. 현재 건설된 대표적인 대형 해상 부유식 구조물은 부유식 공항, 석유 비축 기지 등이라고 할 수 있다.

## 1) 부유식 공항

부유식 공항은 공항 주변에 거주하는 인근 주민이 없어 육상 공항에서 항상 발생하는 인근 주민에 대한 소음 영향이 없어 24시간 운용 가능하며, 매립에 의한 환경에 대한 영향이 적기 때문에 인천공항과 같은 매립지에 건설하는 공항에 비해서 많은 잇점을 가지고 있다고 할 수 있다. 부유식 공항은 주로 일본에 연구를 많이 했는데 일본은 1990년부터 마린플로트 추진 기구를 구성하여 부체를 이용하는 해양구조물의 경제성 및 안전성 기술에 대한 연구를 수행하였고 1995년부터는 메가플로트 연구조합이 결성되어 부유식 해상공항 건설을 위한 기술개발 사업을 진행하였다.

당해 사업을 통하여 1995년 일본 동경만에 길이 300 m 폭 60 m 높이 2 m 시험용 공항 건설하고 1997년 까지 경비행기를 이용한 실제 비행기 이착륙 시험 수행하였으며, 2001년 1,000 m × 121 m × 3 m 규모의 2단 규모의 부유식 공항 2차 모델 설치하였다.  연구 프로젝트를 통해 먼저 항공기의 이·착륙에 방해가 되지 않는 낮은 높이의 계류시스템 개발, 유도등과 부유식 구조물의 연결구조 및 관제탑의 구조를 결정하고 실제 5,000 m 해상공항의 초기설계 및 구조설계, 상세설계를 완료하였다. 또한 파랑하중 및 풍하중을 받는 간이해석 모델을 이용하여 부유식 구조물의 돌핀계류 시스템과 구조물의 유체 구조 탄성응답을 해석하였다.

부유식 공항과 비슷한 개념으로 미국은 세계 각국에 설치되어 있는 미군 기지가 철수되었을 경우 기존 기지를 대신할 수 있는 이동이 가능한 부유식 항공 기지인 MOB(Mobile Offshore Base)을 개발하기 위하여 1996년부터 기술 검토 사업에 착수하였다. MOB는 항공전력을 갖춘 항공모함을 보호하기 위한 구축함과 프릿함 및 잠수함으로 구성된 항공모함 전단이 병참 기능이 가지지 못한 점을 보완하여 항공

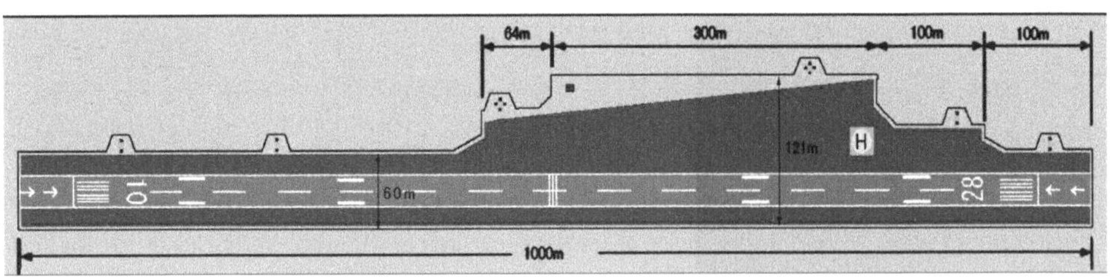


그림 2.17 메가플로트 시험용 1/6-scale 구조물의 평면도
출처 : www.marinetalk.com/images/

그림 2.18 동경만 부유식 공항 시험 시설.

기지 기능과 병참 기지 기능을 동시 갖추는 것을 목표로 하고 있다. 이를 위하여 MOB는 길이 304 m, 폭 152 m, 높이 36 m 규모의 반잠수식 유닛 모듈을 5~6개 함께 연결시켜 최대 길이 2 km 규모의 이동형 군사기지 역할을 부여하는 것이다. 유닛 모듈 복합체로서의 MOB는 하나의 모듈로도 수직이착륙 전투기를 운용할 수 있으며 6개의 모듈을 한꺼번에 연결하면(JMOB), 총길이가 1,828 m가 넘는 활주공간이 만들어져 대형 항공기의 운용도 가능해진다.

또한 일반 수송선처럼 화물을 적재할 수 있으며, 병력 3,000명과 각종 군용차량(전차, 트럭 등) 3,500대, 화물 컨테이너 5,000개, 전투기/비행기 150대 등 각종 전투장비, 지원시설 탑재에 필요한 충분한 공간을 확보을 목표로 하고 있다. 그러나 현재 기술 수준에서 MOB 개발은 기존 핵추진 항공모함이나 군수지원 수송선단을 운영하는 방식보다 비효율적이라는 것이 판단하에 개념 정립을 위한 연구만이 진행되고 있다. MOB 연구에서는 다양한 형태의 설계개념에 대하여 실시설계를 수행하여 기존 해양 구조물 설계, 규정, 건조 요구조건 등을 검증하는 동시에 각 구조물의 장단점을 성능 과 건조비 측면에서 비교하였다. 이를 위하여 국제적인 해양구조물 엔지니어링 회사와 학계에서 공동으로 수행되었고 이 연구를 통하여 반잠수식 구조물의 다양한 결합에 의한 여러 가지 설계안이 제시되었다.

그림 2.19 이동식 해상비행장 역할의 반잠수식 구조물 설계 사례
출처 : www.globalsecurity.org/military/systems/ship/images/

## 2) 자원 비축기지

부존 자원이 부족하여 생산 활동에 필요한 자원 대부분을 해외에 수입하고 있는 우리나라는 공업용 원료, 석유, LNG 등을 수입이 불가능하더라도 일정 기간 사용할 수 있는 일정량을 비축하는 기지가 유사시 국가 운용을 위해서 반드시 필요하다. 육상에 대규모 비축 기지를 건설하려면 토지 보상 비용 문제 등으로 부지 확보가 어려운 경우가 많이 있다. 그래서 화물 운송선 접안도 편하고 안전 확보도 가능하도록 보통의 경우 육지에 인접한 바다를 매립하여 용지를 마련하여 기지를 건축하였다.

그러나 바다 매입은 해안 환경에 큰 영향을 미칠 수 있고 매립과 기반 시설 건축에 많은 비용과 시간을 필요로 한다. 바다를 매립하지 않고 부유식 구조물에 자원 비축 기지를 건설한다면 환경 파괴를 방지할 수 있으며, 매립지 건설를 위한 비용을 감축할 수 있다. 또한 바로 바다에서 유조선 등과 연결이 가능함으로 접안 시설 건설 비용 또한 절약할 수 있다. 부유식 자원 비축 기지는 일본에서 최초 설치되어 운용 되고 있다. 석유비축기지 구조물은 일본에서 많이 연구, 개발되었는데, 일본의 경우, 지진이 많이 발생하는 지리적, 환경적 요인으로 인하여 육지에 건설 시 비축기지 파괴로 인한 재난의 문제점이 있기 때문에 지진의 영향을 적게 받는 해상에 설치할 수 있는 구조물에 대한 연구, 개발을 통해 가미 고토섬과 시라시마섬 인근에 건설, 운영 중에 있다.

지금까지 건설된 석유비축기지는 나가사키의 가미고토섬과 북큐슈의 시라시마섬 두 곳에 설치되었다. 섬근처에 설치하는 이유는 섬 자체가 자연적으로 해역을 정온화하기도 하고, 또한 손쉽게 주변에 방파제를 설 치할 수 있기 때문이다. 석유를 저장하기 위한 부유구조물은 강제상자형 구조로서 여러 개를 일렬로 배치한 후, 돌핀 계류장치를 이용하여 부유구 조물을 구속하여 사용 한다 1986년에 완공된 시라시마 석유비축기지의 경우, 부유구조물 1 개가 397 m(L)× 82 m(B)× 25.4 m(D)의 크기로서 8개 의 부유구조물을 사용하여 약 600만 kl의 석유를 비축할 수 있다. 1993년에 완공된 가미고토 비축기지의 경우 397 m(L)× 97 m(B)× 27.6 m(D)의 크기로 5개의 바지로 구성되어 있다. 석유비축기지의 크기가 약 400 m 인 것은, 선박건조와 같은 방법으로 도크 내에서 1 개의 Unit로서 건조되 었기 때문에 그 규모가 기존의 도크시설 크기를 넘지 않는다.

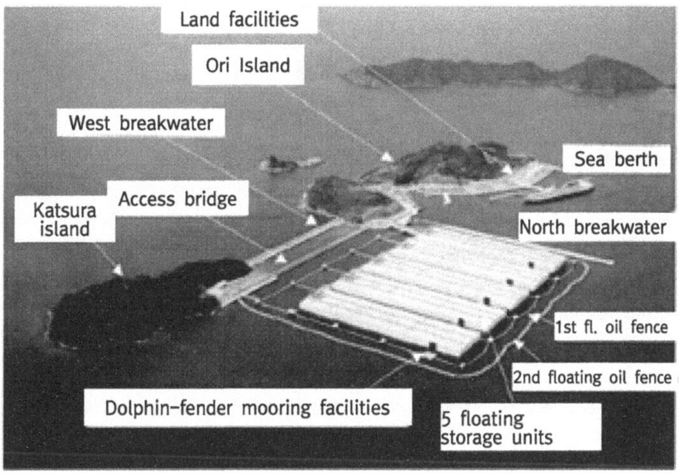


그림 2.20 일본 가미고토 석유 비축 기지

표 2.2 일본 카미고토(上五島) 해상 석유비축기지 주요 제원

| 항목 | 내용 |
|---|---|
| 소요 면적<br>육상<br>해상 | <br>약 10 ha<br>약 40 ha |
| 시설 용량 | 440만 kl |
| 저장선 제원 | 390 m(L) × 97 m (B) × 27.6 m (D)<br>d: 24.5 m |
| 저장선 용량 | 88 만 kl |
| 저장선 척수 | 5척 |
| 부두 설비 | 30 DWT 고정 돌핀 |
| 계류 설비 | 계류용 돌핀 6기<br>펜더 1 set |
| 원유 하역 설비 | 2,500 $m^3/hr$ × 2기 |
| 해수 배수 설비 | 2,000 $m^3/hr$ × 2기 |
| 불활성 가스 공급 설비 | 12,500 $Nm^3/hr$ |
| 원유 가스 처리 설비 | 11,000 $Nm^3/hr$ |

### 3) 플랜트 바지

플랜트 바지(plant barge)는 지상에서 설치되는 발전 시설, 화학 공학 처리 시설 등과 같은 플랜트 시설을 선박이나 상자형의 바지에 설치하여 해상에서 생산활동을 수행하는 해양 플랜트이다. 생산 시설 및 생산 시설의 집합체라는 플랜트가 가지고 있는 원래 의미에 가장 부합되는 해양 플랜트라고 할 수 있다. 일반적으로 육상에 플랜트를 건설할 경우 플랜트 건설에 필요한 공장 설비, 기자재, 배관, 건설 장비들을 플랜트 건설 지역으로 이동시키고 현장에서 단계적 조립 공정을 거쳐서 건설된다. 만약 플랜트 건설 지역에 도로, 전기 등과 같은 사회적 인프라가 부족하다면, 물자 이동을 위한 도로 건설과 전기 공사를 위한 송전로 공사가 추가적으로 필요하게 된다. 이에 비해 플랜트 바지는 건조된 선박에 플랜트 설비를 거의 완전한 상태로 조립한 다음 플랜트 설치 지역으로 이동해서 해상 계류하는 방식으로 건설 할 수 있기 때문에, 사회적 인프라 건설을 위한 추가적 공사를 최소화 할 수 있어 공기 단축이 가능해질 수 있다. 플랜트 바지가 가지고 있는 장점을 정리하면 다음과같다.

- 건조 후 설치까지의 작업기간이 짧음
- 현지 작업량 최소화 가능
- 사회적 인프라와 무관하게 건조된 플랜트 시설의 품질을 유지 가능

공장설비의 용도로 사용되는 플랜트 바지는, 근처에 발전소가 없어서 전력이 부족한 지역에 화력이나 원자력을 이용하는 발전시설을 설치하고, 중동지역과 같이 식수나 공업용수가 부족한 지역에는 해수담수화 플랜트를, 채굴된 석유나 천연가스 등 공업원료를 이용하여 현장에서 정제 처리하는 시설과 원목이나 시멘트 원료가 채취되는 지역에 플랜트를 설치하여 현장에서 제품을 생산하는 데 사용된다.

또한 플랜트 바지는 소음이나 악취를 유발하는 쓰레기소각, 하수처리 시설이나, 핵폐기물이나 방사선 물질, 고압 가스 등의 위험물 취급시설을 도시에서 멀리 떨어진 해상에 설치, 운영함으로써 주민 의 반대여론을 무마하는 데 기여하기도 한다.

플랜트 바지는 기본적으로 복잡한 화학공정과 프로세스(process)가 이용되는 공장설비이기 때문에 구조안전이나 구조물 운동특성 등 조선해양공학 및 구조공학과 관련된 기술 외에도 공장설비를 운영하는 데 필수적인 화학공정과 프로세스공학기술이 요구된다. 따라서 최근에는 플랜트 바지 설계자에게 해양구조물 관련 전문 지식과 함께 화학공정과 프로세스 공학에 대한 이해능력을 필수적으로 요구하고 있다. 이 책에서는 다양한 플랜트 바지 중 우리나라가 주도적으로 시장을 주도하고 있는 발전용 플랜트와 해수담수화 플랜트에 대해서 설명한다.

### (1) 발전용 플랜트

저개발 국가가 산업적으로 발전하기 위해시 가장 필요힌 것은 양질의 전기를 생산할 수 있는 발전 설비라하고 할 수 있다. 2011년 일본 대지진 이후 일본 정밀전자 산업 공장이 중국 대신 우리나라를 선택한 이유가 안정적이고 고품질 전력사용이 가능하기 때문이라는 점과 1960년대 우리나라가 경제개발 시작단계에서 우선적으로 확충하려한 점에서 전력이 산업화 과정에서 매우 중요한 역할을 수행한다는 사실을 확인할 수 있다. 그러나 수력이나 화력 등 발전소 건설에는 다년간의 계획과 막대한 건설비가 소요되기 때문에 저개발국가에서는 양질의 산업용 또는 가정용 전력을 생산할 수 있는 발전소 건설을 감당할 수 있는 재정 능력과 기술 능력이 부족한 현실이다. 발전용 플랜트 바지는 이런 어려움을 극복할 수

있는 하나의 대안으로 바지선 형태 이동 가능한 선박에 중유를 사용하는 디젤 발전기나 천연 가스를 연료로 사용하는 가스 터빈 발전기를 장치하고 발전 설비가 필요한 지역으로 이동하여, 해상에 계류시킨 후 송전 선로와 연결 작업을 통하여 전력 공급이 가능하도록 만드는 해양플랜트이다. 아래 표는 2000년 스리랑카에 설치된 발전용 플랜트 바지 제원을 보여 주고 있다.

최근에는 디젤 발전기를 하나씩 작은 바지에 탑재한 컨테이너 발전설비가 제작되어 필요 시 여러 개의 작은 컨테이너 바지가 모여 큰 규모의 발전설비를 구성하는 모듈방식의 발전용 플랜트 바지가 필요 전력 제공에 대한 유연성을 가질 수 있어 개발이 연구되고 있으며, 러시아는 2015년까지 북극해 연안의 콜라반도(Kola Pen.)와 야말반도(Yamal Pen.) 등지의 유전지역에 전력을 공급하기 위하여 원자력을 이용하는 총 5기 규모의 원자력 발전용 플랜트 바지 건조계획을 발표하였다. 발표된 계획에 따르면 인구 20만명 도시에 공급할 수 있는 규모의 발전용 플랜트 바지인데, 설치 해역이 빙해역으로서 빙해역에서는 가스나 중유를 사용하는 일반 발전용 플랜트에 대한 연료 공급이 원활하지 못하기 때문에 원자력을 이용한다는 생각이 현실적인 계획이라고 판단할 수 있다.

그림 2.21 New York 시 Brooklyn에 설치된 542 MW 발전용 플랜트 바지
출처 http://www.uspowergen.com/portfolio/astoria-generating/gowanus/

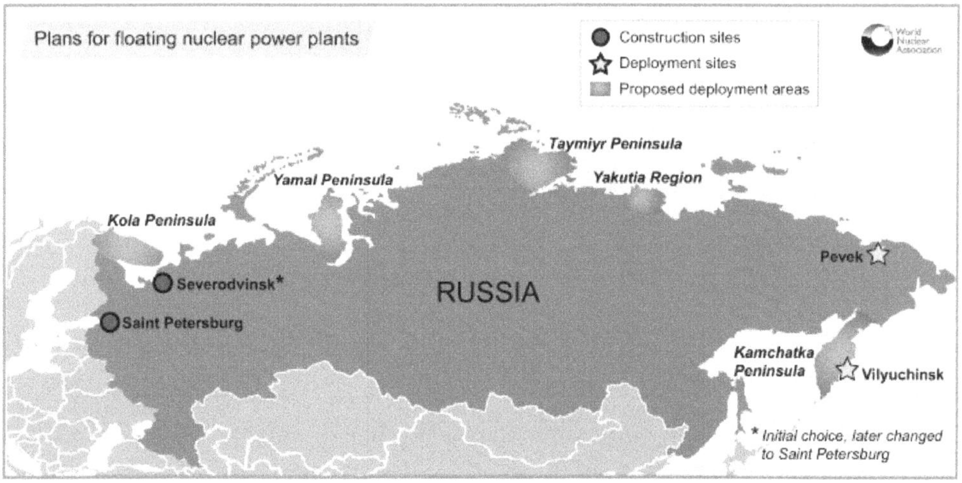


그림 2.22 러시아의 북극해 원자력 발전 플랜트 바지 계획
출처 http://www.world-nuclear.org/info/Country-Profiles/Countries-O-S/Russia--Nuclear-Power/

### (2) 해수담수화 플랜트

해수담수화란 해수에서 염분을 제거하여 담수를 생산하는 기술을 말하며, 해수담수화 플랜트는 말그래도 해수 담수화 기술을 통하여 사람이 식용으로 사용할 수 있는 담수를 생산하는 플랜트이다. 해수담수화 플랜트는 건조한 사막 기후이기에 담수 확보가 어려운 사우디아라비아나, 두바이, 아부다비 등 중동의 산유국을 중심으로 주로 육상에 설치되었다. 해수담수화 플랜트는 엄청난 건설비가 소요되기 때문에 해수담수화 플랜트를 대규모로 건설한다는 것은 산유국의 오일머니가 아니라면 시도하기 어려운 일이라고 할 수있으며, .중동 지역에서도 보통 해수담수화 플랜트를 발전설비와 함께 건설하여 해수 담수화에 필요한 열을 발전기 냉각 시스템에서 사용하여 투자 효율성을 높이기 위하여 노력하고 있다. 해수 담수화 기법은 증발법(MSF : Multi-Stage Flash)과 역삼투압법(RO : Reverse Osmosis)으로 구분된다. MSF 방식은 고압상태의 열교환기 내에서

가열된 해수를 증발시켜 담수를 생산한다. 역삼투압 방식은 해수에 존재하는 염분을 삼투막을 통과시켜 제거해 담수를 생산하는 방식이다. 자세한 내용은 이 책 목적과 부합되지 않기에 생략한다.

그림 2.23 인도 chennai 지역 해상 해수 담수화 플랜트
출처 http://www.ivrcl.com/water_desalination.html

최근에는 해수담수화 플랜트를 바지에 탑재하여 생활용수나 공업용수가 부족한 지역으로 이동시켜 사용하는 해수담수화 플랜트 바지가 등장하고 있다. 현재 중동지역과 북아프리카, 인도 등에 소규모 해수담수화 플랜트가 가동 중에 있으며 국내에서도 2012년 45,460톤의 식수를 생산할 수 있는 국내 최대의 해수담수화 플랜트를 부산시 기장군 동해안에 건설하는 계획을 발표하였으며, 식수와 공업/농업용수 부족을 근본적으로 해결해 줄 수 있는 방법으로서 향후 국내외에서 건설 사례가 급증할 것으로 예상되나, 아직은 해수담수화를 통해 얻는 식수 생산이 가격경쟁력이 떨어진다는 점이 한계이다.

### 4) 부유식 거주지

해상 도시로 대표되는 부유식 거주지는 바다 위에 부유식의 구조물을 띄우고 부유식 구조물 상부의 공간을 도시를 건설하여 거주지 등으로 이용하는 것으로서 바다의 환경이나 자연을 변화시키지 않고 도시를 건설하는 것이 가능하며, 이동하여 해체 철거하는 것도 쉽게 가능한 개념이다. 현재까지는 부유식 인공섬을 이용하여 실제 거주가 가능한 도시를 건설한 사례는 없지만 개 념설계 수준의 계획은 몇 가지 발표된 바 있다.

그 중 한 가지는 1976년 미국 건국 200년을 축하하는 해양박람회를 위해 하와이 오아후(Ohau)섬 앞바다 5 km의 수심 1,000 m 해역에 설치하려고 계획했던 해상도시 계획이다. 콘크리트로 지름 720 m, 높이 154 m, 흘수 84 m 부유식 인공성을 설치하고 그 상부에 인구 1만명 거주가 가능한 해상 도시를 세우는 계획이였다. 주용도는 사람이 거주하는 해상 도시이지만, 부가적으로 하와이가 가지고 있는 관광 상품인 해양 레크레이션 기지로 사용하고자 하였으나, 중동 전쟁으로 인한 오일 파동으로 경제 상황이 악화되어 계획으로 머문 상태로 중지되었다. 설계 계획상으로는 중심부의 고층부 유닛과 그 주변의 저층부 유닛으로 되어 있으며 각 유닛은 부채꼴 모듈 10개로 구성되어 있으며, 각 모듈은 3개의 부력재 칼럼으로 지지되어 있도록 하였으며, 고층부 유닛 갑판 위쪽에는 호텔, 사무실, 쇼핑시설, 주거시설이 있고 저층부 유닛 상부는 전시장으로 사용되며 고층부와 저층부 유닛 사이는 구조물로 연결되어 그 사이에 모노레일를 설치하여 교통 수단으로 이용하고자 하였다. 또한 부유식 구조물이기에 계류 시키는 방법으로 체인·와이어 계류장치를 이용하는 방법을 도입하고자 하였다.

그 후 환경문제와 도시과밀화, 토지이용 제한, 해양자원의 효율적 이용 등 각종 문제를 해결하는 수단으로 해양공간을 이용하자는 움직임이 급속히 고조되고 해상도시에 해상공항, 부유식 인공지반 등을 계획하는 등 각종 구상이 생겨났다. 1975년 오키나와에서 해양박람회 개최 시 미래의 해상도시 모델로서 반잠수식 구조물에 의한 아쿠아폴리스(Aqua-polis)가 구상되었다. 현재 해양박물관으로 사용되고 있는 이 부유식 구조물은 크기가 104×100×26 m이다. 여기에는 발전시설, 쓰레기처리 시설 및 소각로, 2,500명분의 급수장치를 완비하고 있으며 실제 해상 도시에 가장 가까운 현존 구조물로서 부유식 구조물을 이용한 해양공간 이용에 있어서 기념비적인 구조물이라고 할 수 있다.

그림 2.24 일본 오키나와 Aquapolis
출처 http://www.worldsfairphotos.com/expo75/postcards.htm

## 2.2.3 석유/가스 개발 관련 해양플랜트

석유 수요는 인구수에 비례하여 증가하고 있다. 2010년 현재 세계 인구는 70억 명을 넘었을 것으로 추산되고 있으며, 석유 수요는 하루 1억 2천만 배럴에 이르고 있다. 이러한 석유 수요 증가는 고유가 시대에도 중국 및 신경제성장국가 BRICs의 경제 성장에 따른 삶의 질 향상으로 인하여 감소하지 않고 계속 증가할 것으로 예상된다. 이러한 현실에서 과거 주요 석유 생산 지역이던 중동 지역은 미국의 이라크 철수, 이란의 시민 혁명 차단을 위한 긴장 고조 등으로 생산량 증가를 기대하기 어렵고, 새로운 육상 유전 개발 역시 북극 지방 등 예전보다 개발이 어려운 지역에 대한 개발 사업이 추진되고 있으나 많은 생산량 증가를 기대하기 어렸다. 석유, 천연가스등과 같은 화석 연료에 대한 풍력 발전 등 대체 에너지를 위한 막대한 투자가 있으나 아직 개발 성과 및 상용화 실적이 부족한 현실이다. 이러한 상황에서 해상 유전 및 가스전 개발에 대한 수요는 계속 증가할 것으로 예측되고 있다.

이러한 해상 유전/가스전 개발 증가에 따라 석유/가스 생산을 위한 해양 플랜트에 대한 수요 역시 매우 증가하고 있다. 이 책에서는 해양 플랜트를 해양에서 생산 활동을 수행하는 모든 플랫폼으로 정의하였지만, 실제적으로는 해양플랜트 산업을 대표하는 것은 해저 매장 석유/가스 생산을 위한 시추 및 생산 시설이라고 할 수 있다. 이러한 의미에서 본 절에서는 현재 많이 설치되어 사용되고 있는 석유/가스 생산을 위한 해양플랜트 사업의 특징, 현재 운용 중인 해양 플랜트 종류와 각각의 특징을 살펴본다.

### 1) 선박 건조와 석유/가스 개발 관련 해양플랜트 제작 차이

선박을 정의할 때 보통 부양성, 적재성, 이동성을 가진 구조물이라고 한다. 이는 선박이 해상에서 화물 또는 승객을 운송하여 영리활동을 목적으로 하고 있다는 점을 시사하고 있다.

선박과 달리 해양 플랜트는 고정된 장소에서 생산 활동을 수행하여 이익을 창출하는 것을 목적으로 하고 있기 때문에 해양 플랜트 제작은 선박 건조와 다른 점을 많이 가지고 있다. 선박 건조와 해양 플랜트 제작에 있어서 대표적 차이점은 표 2.3에 정리되어 있다.

표 2.3 선박과 해상 유전/가스전 관련 해양플랜트 비교

| | 선박 | 해상 유전/가스전 관련해양플랜트 |
|---|---|---|
| 목적 | 화물 운송 | 고정 위치에서 생산 활동 수행 |
| 설계 목적 | 경제적 운용<br>최소 중량 & 최대 화물 적재 | 효율적 생산 활동 수행 |
| 주요 장비 | 추진 장비<br>항법 장치<br>화물창 | 계류 장비<br>시추 장비<br>생산 장비 |
| 기술 현황 | 대형화<br>고속화 | 대형화<br>심해저 개발<br>복합 구조물 |
| 기술 개발 주체 | 조선소<br>선급 | 석유 등 에너지 회사<br>관련 엔지니어링 회사 |
| 생산 주체 | 조선소 | 다양한 업체 |
| 유지 보수 | 정기적 Dry dock 입고 | On site 검사 |
| 설계 변경 | 매우 드뭄 | 변경 가능 |

해양 플랜트 사업 단계에서 가장 특징적인 과정은 FEED 단계이다. FEED을 통해서 각 조선소는 해양 플랜트 수주 여부를 결정하기 때문에 매우 중요한 과정이다. FEED 과정을 통해서 도출되는 결과는 다음과 같다.

- 프로젝트의 사업성 및 수행여부 결정
- 해양 플랜트의 전체 설계/ 생산 분야의 시작을 가능케 함
- CAPEX(CAPital Expenditure, 미래의 이윤을 창출하기 위해 지출된 비용) OPEX(OPerational EXpenditure) 검토
- Concept design 확정
- 전체 시스템의 용량을 결정하여 전체 시스템들의 크기를 결정
- 시스템을 연결부의 크기를 결정

해양 플랜트 사업 과정에서 선박 설계와 또 다른 특징은 상세 설계 과정에서 Top side layout이라고 할 수 있다. Top side layout은 해양 플랜트 사용 목적에 맞게 설계하기 위해서 가장 중요한 과정이라고 할 수 있다. Top side layout 과정을 통해서 해양 구조물의 고유 작업 목적에 맞는 장비 설정 및 배치 검토, Hull side와의 Interface 설계를 수행 하게된다.

해저 석유/가스 개발 관련 해양플랜트 사업을 수행하기 위한 설계 과정과 일반적인 선박 설계과정을 비교하여 보았을 때 해저 석유/가스 개발 관련 해양 플랜트 사업이 가지고 있는 특징을 정리하면 다음과 같다.

- SuesMax, PanaMax와 같이 정형화되어 있는 설계 작업이 가능한 상선 설계와 달리 유전/가스전 개발 장소에 따라서 다양한 플랫폼에 대한 설계가 필요
- 선급과 조선소에서 규정한 standard 적용 대신 발주자가 자체 고유 standard 준수
- 조선소가 기본 설계를 수행하는 상선 설계와 달리 전문 Engineering 회사 기본 설계 수행하는 경우가 많음
- 매 Project마다 사양, 건조방식, 검사기준 상이, 견적 및 입찰 시 장기간 소요
- 특정 장비의 경우 Owner측에서 Maker를 지정(Drilling 장비/Offshore Crane)
- 상선 대비 Specifications 및 도면 양 방대, 숙지에 많은 시간이 소요
- 매우 높은 수준의 품질을 요구하므로 선박에 비해 Inspection이 까다로움

## 2) 종류

본 절에서는 현재 많이 설치되어 사용되고 있는 석유/가스 생산을 위한 해양플랜트의 종류와 각각의 특징을 살펴본다. 아래 표2는 대표적인 석유/가스 생산 해양 플랜트의 종류를 보여주고 있다. 석유/가스 생산 해양 플랜트는 크게 고정식, 유연식 및 부유식으로 분류할 수 있다.

### (1)고정식

#### ① 파일고정식 구조물(Jacket structure)

파일 고정식 또는 자켓 구조물은 대표적 고정식 석유/가스 관련 해양플랜트로 해상 유전에 적용된 최초로 적용된 플랫폼이다. 파일 고정식 구조물은 수면 하부에 4~8개의 원통형 철제 기둥(leg)과 수평 및 경사보강재 (brace)가 일체로 용접된 자켓(jacket)이 파일(pile)에 의해 해저면에 단단히 고정되어 파랑하중과 자체 중량을 지탱하는 트러스형 철 구조물이다. 자켓 상부에는 갑판(deck) 혹은 모듈(module)이라 부르는 여러 층의 박스거더(box girder)형 구조물이 설치되고 이러

그림 2.25 수심에 따른 석유/가스 생산 관련 해양플랜트
(자료 출처: www.treehugger.com)

한 구조물에 발전기, 펌프 등 각종 기계장비와 기자재 그리고 작업원의 거주구역, 헬리포트가 배치된다.

파일 고정식 구조물은 1950년대 이전 육상 유전에서 사용되고 있던 플랫폼을 호수나 해안가에 목재 파일을 박아 사용가능하도록 하였던 것에서 발전하여 해상에서 사용할 수 있게 개선한 형태로 적용하였다. 파일 고정식 구조물은 시추 작업이 완료된 유공 위에 해저부의 Skit File을 깊이 관입하여 설치하기 때문에 구조역학적으로 안정적인 특징을 가지고 있으며, 충분한 국부 및 좌굴 강도를 유지하기 위해 Truss 구조물 중간에 ring stiffener을 설치하는 형태가 주된 형대다. 주로 파도가 잔잔한 천해역에 많이 설치되어 왔다.

1960년대에는 수심 60 m 해역에 설치되었고 1960년대 말에는 수심 120 m 깊이에도 자켓 구조물이 설치되었다. 자켓 구조물은 주로 수심 100~150 m 내외의 해역에 많이 설치되었지만 이후 해저 석유개발이 깊은 바다로 옮겨감에 따라 자켓 구조물 규모가 더욱 커져서 수심 300 m의 깊은 바다에도 설치되는 등 대형화되었지만, 수심에 따라서 제작 및 설치 비용이 급격하게 증가하기 때문에 현재 수심 400 m 해역을 설치 한계 지역으로 여기고 있다. 1978년 멕시코만의 수심 312 m에 위치한 Cognac 유전에 3단으로 분리되어 설치된 자켓 구조물과 1988

년 멕시코만의 수심 411 m에 위치한 Bullwinkle 유전에 설치된 자켓 구조물이 대표적인 대형 자켓 구조물이다. Cognac 유전에 설치된 자켓 구조물은 무게 41,000 톤에 달하며, Bullwinkle 유전에 설치된 자켓 구조물은 무게 45,000톤에 달하는 대형 자켓 구조물이다.

표 2.4 석유/가스 생산 해양 플랜트 분류

| 분류 | 대표 구조물 |
|---|---|
| 고정식 | Jacket structure |
| | Concrete gravity platform |
| | Jack-up platform |
| 유연식 | Guyed tower |
| | Spar Bouy |
| | Tension leg platform |
| 부유식 | Semi-submersible |
| | Drilling ship |
| | FPSO |

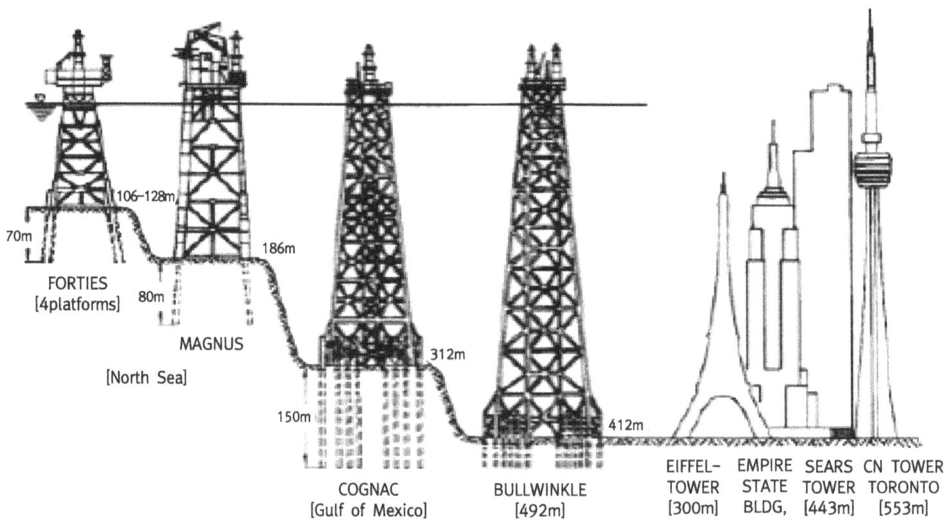


그림 2.26 자켓 구조물 설치 해역 수심 비교
출처: synclaire.net/blog

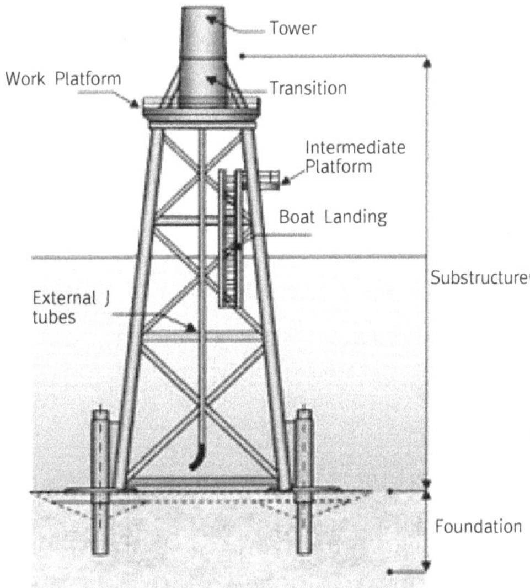


그림 2.27 자켓 구조물 개요

### ② 콘크리트 중력식 구조물(Concrete Gravity platform)

1970년대 발생한 석유 위기는 전 세계적으로 중동 산유국에 대한 의존을 줄이기 위한 노력을 불러왔다. 1960년 처음으로 해저 유전이 발견된 유럽의 북해는 수심이 150 m에 이르고 기상 및 해상상태가 매우 거친 해역으로 폭풍 시 바람이 풍속 50 m/sec에 이르고 파도는 파고 30 m 이르는 등 자켓 구조물이 설치되기 시작하였던 멕시코만보다 매우 거친 해양 환경을 가지고 있었다.

1970년대 이전에는 이처럼 험한 환경에서 많은 투자를 통하여 채굴한 석유는 경제성이 없다고 여겨졌으나, 석유 파동 이후 맞이한 고유가 시대에는 이러한 환경에서 석유를 개발해야할 필요성을 증대시켰다. 비교적 잔잔한 바다인 멕시코만과 다른 북해 환경은 멕시코만에 주로 설치되어온 자켓 구조물과 다른 종류의 플랫폼에 대한 필요성을 증대시켰다. 또한 북해 유전은 굳은 점토나 모래로 이루어진 해저 지반에서 발견되었으며, 육지와 수백 km에서 위치하고 있어 기상이 악화될 경우 생산된 원유를 임시로 보관할 수 있어야 했다.

콘크리트 중력식 구조물은 자켓 구조물과 달리 파일을 해저에 박지 않고 콘크리트 구조물 자체의 무거운 중량을 이용하여 해저면에 고정할 수 있는 플랫폼이다. 콘크리트 구조물로 해저에 설치를 위한 별도 작업이 불필요하여 육지 근처 연안에서 사전 제작하여 설치 해역에 운반해온 이후 짧은 시간에 현장 설치가 가능하다. 구조물 하부의 거대한 케이슨 내부공간은 원유 저장 공간으로 사용할 수도 있으며, 콘크리트 재질은 저온에서 충분한 강도를 유지하고 해수에 의한 부식을 방지할 수 있는 장점도 있다. 콘크리트 구조물의 이러한 특징은 북해 환경 조건에서는 적합하다고 할 수 있다.

콘크리트 중력식 구조물은 넓은 바닥면이 하중을 지지하는 구조로 되어 있기 때문에 자켓 구조물에 비교해 대단히 큰 중량을 지지할 수 있지만 안정성(stability) 확보를 위해서 수평 방향으로 미끄러짐을 방지해야할 필요가 있다. 케이슨(caisson) 바닥의 강재 혹은 콘크리트 스커트(skirt)가 콘큰리트 중력식 구조물의 수평 방향 미끄럼 방지 위해서 사용되고 있다. 해저면에 삽입되는 스커트는 구조물 둘레 토사의 세굴(scour) 방지 역할과 구조물 설치 후 기초부의 그라우팅(grouting)이 용이하도록 아랫부분을 봉인하는 역할도 수행한다.

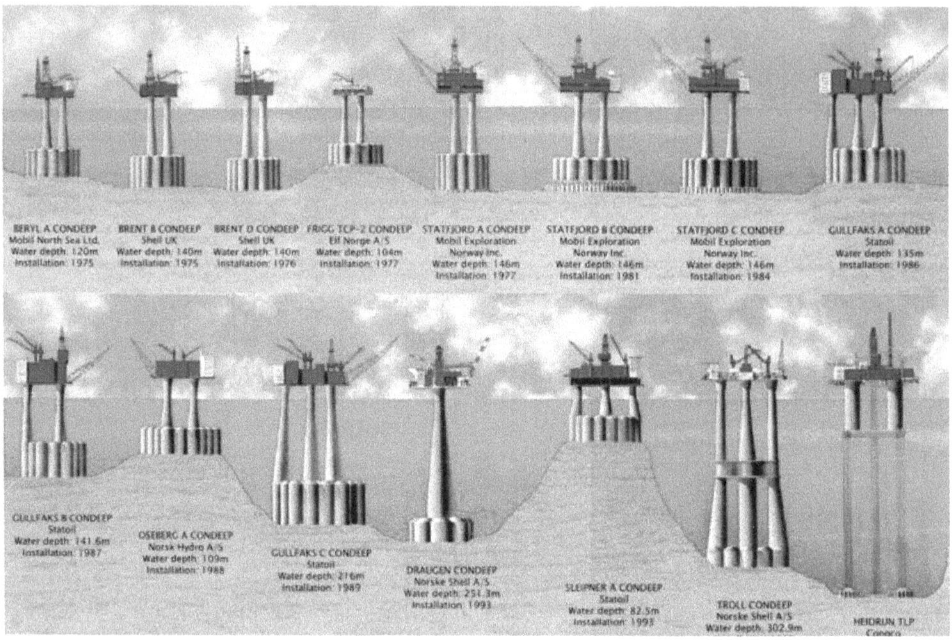


그림 2.28 다양한 형태 콘크리트 중력식 구조물

콘크리트 중력식 구조물은 크게 타워(tower)형과 매니폴드(manifold)형으로 구분되는데 Condeep 플랫폼으로 대표되는 타워형은 기초부가 케이슨으로 만들어져 있으며 원유 저장탱크를 겸하고 있다. 저장탱크에 연결된 콘크리트 타워는 1~4개의 기둥 (shaft)으로 구성되며 상부의 구조(deck)를 지탱하게 된다. 매니폴드형은 원통 셀(cell)이 동심원상으로 배치되어 상호 결합된 구조로 되어 있다. 일반적으로 매니폴드형 중력식 구조물의 바깥둘레는 소파용의 유공벽(有孔壁)으로 둘러싸고, 또 바닥도 세굴을방지하기 위해 같은 유공벽으로 둘러싸고 있다

**③ 갑판승강형 시추선(Jack-up rig or self-elevating platform)**

갑판승강형 시추선(또는 간판승강식 구조물)은 수심 100m 정도의 해역에서 많이 사용되는 이동 가능한 고정식 소형 구조물로 승강장치에 의해 선체와 다리를 오르내릴 수 있는 방식이다. 석유개발을 위한 시추용이나 초기 생산용으로 많이 사용될 뿐만 아니라 일시적인 해상작업대, 토목공사용으로 많이 사용되고 있다. 갑판승강형 시추선은 수면에 뜰 수 있는 선체(hull)와 3~4개의 다리(leg)로 구성되어 있으며, 선체에 부착된 승강 장치에 의해서 선체와 다리가 상하로 상승/하강할 수 있도록 되어 있다. 갑판승강형 시추선은 대개 자체 추진장치가 없어서 스스로 이동은 불가능하며, 다리를 모두 상승시킨 상태에서 선체를 예인선에 의해서 끌려서 이동되거나, 반 잠수가 가능한 수송선에 탑재되어 이동된다. 이동 후 간판승강형 시추선은 승강 장치를 이용하여 다리를 내려서 해저면에 착지시킨 후 선체를 파도가 닿지 않는 높이까지 상승시켜 설치를 완료한다. 설치된 이후 이동이 불가능한 자켓구조물과 콘크리트 중력식 구조물과 달리 간판승강형 시추선은 시추 작업, 해양 토목 공사 등이 완료되면, 선체를 하강시키고 선체의 부력과 승강 장치를 이용하여 다리를 들어 올리면 다시 이동이 가능해지는 특징을 가지고 있다.

## (2) 유연식

**① 가이드 타워(guyed tower)**

자켓 구조물은 일반적으로 작업해역의 수심이 증가함에 따라 자켓 구조물 설치 및 건설 비용이 급증하기 때문에 수심이 깊은 해역에서는 경제성이 떨어진다. 가이드 타워는 상부 플랫폼을 상대적으로 작은 지반면적을 갖는 트러스형 철탑 구

그림 2.29 Jack-up rig

조물로 받치고, 파랑 등의 횡하중은 방사선상으로 배열한 케이블(guy cable or guy line)에 의해 지지되는 형식으로, 자켓 구조물에 비해 강재 중량을 줄일 수 있다는 장점을 가지고 있다. Jacket 구조물과 유사한 형태를 보이지만, 해저에 Skit File을 깊이 관입하지 않는 대신 guy line을 이용하여 고정하는 것이 다른 점이다. Jacket 구조물과 비교할 때 하부 타워 구조물을 구성하는 강재의 중량을 경감하는 것이 가능하며 플랫폼에 작용하는 동적 외력에 대해 약간의 동요를 허용하도록 설계해야 한다.

상부 설치된 구조물(Top side)을 guy line로 연결된 타워구조물로 지지하는 형태 구조물로 파랑 등의 횡하중은 주로 guy line에 의해 지지된다. 고정식 구조물인 Jacket 구조물과 유사한 형태를 보이지만, 해저에 Skit File을 깊이 관입하지 않는 대신 guy line을 이용하여 고정하는 것이 다른 점이다. Jacket 구조물과 비교할 때 하부 타워 구조물을 구성하는 강재의 중량을 경감하는 것이 가능하며 플랫폼에 작용하는 동적 외력에 대해 약간의 동요를 허용하도록 설계해야 한다.

최초의 가이드 타워는 1983년 2년간 제작 과정을 거쳐서 멕시코만 Lena 유전에 건설되었다. 한 변이 47 m인 정사각형 상부구조를 받치고 있는 트러스형 철탑에는 수면 가까운 위치에 12개의 부력탱크가 있어 철탑의 위치를 수직으로 유지시키는 역할을 한다. 400 m 높이의 철탑은 20개의 케이블로 고정되어 있고 각 케이블에는 무게 약 200톤의 추(clump weight)가 달려 있어서 폭풍 시 구조물의 동요가 심할 때 추가 움직이며 완충작용을 하게 되어 케이블의 파단을 막는 작용을 한다.

그림 2.30 Lena 유전 guded tower consent
출처: http://www.smetak.com/ed/resume/exxon.htm

### ② 인장각식 구조물(Tension Leg Platform)

인장각식 구조물(TLP : tension leg platform)은 외형상 반잠수식 구조물과 유사한 모습을 가지고 있으며 반잠수식 구조물에 과부력(over bouncy)을 형성하도록 하고 반잠수식 구조물과 해저면의 앵커 템플레이트 박스(anchor template box)을 연결하는 인장각(tension leg)라고 불리우는 긴 파이프(tendon) 또는 긴 케이블(tether)의 인장력으로 전달하여 원하는 위치에 계류하는 구조물이다. 계류를 위하여 여러 개의 tendon 또는 tether을 묶음 형태로 사용하는데 이때 tendon 또는 tether의 묶음을 tension leg라고 부른다. guyed tower과 비교할 때 계류를 위해서 적은 수 tension leg만을 설치하면 사용이 가능함으로 300 m 이상 1500 m 이하 수심의 해저 유전/가스전 개발에 주로 사용되고 있다.

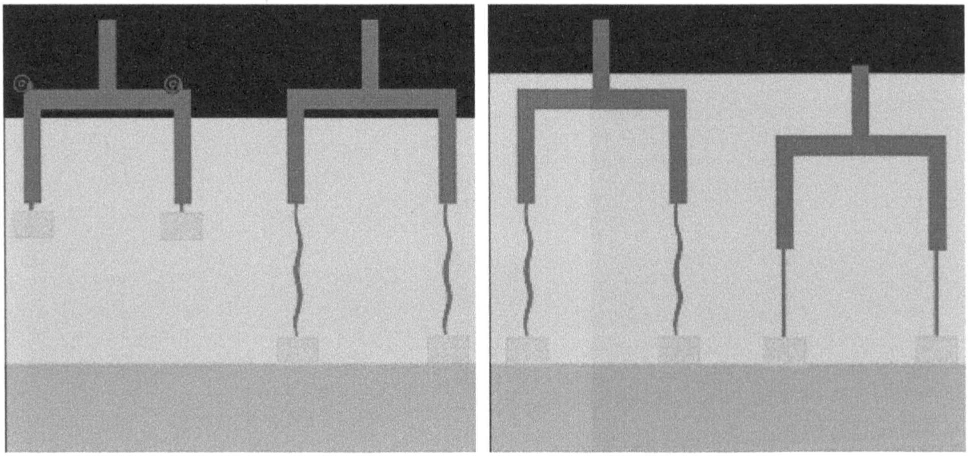

그림 2.31 TLP 설치 순서

그림 2.32
Mars Tension leg Platform

출처: http://commons.wikimedia.org/wiki/File:Mars_Tension-leg_Platform.jpg

수면 위에 떠 있는 구조물을 정적 평형위치보다 약간 가라앉도록 파이프를 잡아당기면 파이프에는 잉여 부력에 의한 인장력이 항상 걸리게 되어 구조물이 수평운동을 하더라도 복원력이 발생하여 원위치로 돌아오게 되며, 수평방향으로 긴 고유주기를 가지게 되어 파랑에 의한 외력에 저항능력이 커서 파랑 중 운동성능은 아주 좋아지며, 설치가 자켓식 구조물에 비할 때 간편하며 탈착이 용이한 인장각 접속 기구를 사용하면 이동도 가능하다는 장점을 가지고 있다.

그림 2.33
Mini TLP - Matterhorn

출처
http://www.offshore-technology.com/projects/matterhorn/matterhorn4.html

하지만 TLP는 적재하중의 변화에 매우 민감한데 이는 TLP의 무게 증가로 인해 tendon이 받는 인장력을 감소시키기 때문이다. 따라서 TLP는 원유저장고로서의 역할은 적합하지 않다.

TLP는 1984년 수심 148 m Hutton 유전에 최초로 설치되었으며, 멕시코만의 Jolliet 유전(수심 536 m)과 Auger 유전(수심 872 m) 등지에 설치되어 운용되고 있다. 최근에는 심해역의 소규모 유전에 적합한 Mini-TLP 등도 개발 중이다.

### ③ SPAR

SPAR는 장대한 원통을 수직 부유시킨 속이 빈 거대한 부이 형태의 구조물이다. 오래 전부터 원통형 부표는 항로표지나 해양계측을 위한 설비로 사용되어 왔는데 최근 들어 흘수가 큰 원통형 구조가 갖고 있는 우수한 동역학적 특성 때문에 심해 해저유전 개발에 있어서 특별히 주목을 받고 있다. SPAR는 다른 부유식 구조

그림 2.34 Truss spar

물에 비해 상대적으로 흘수가 크기 때문에 파도에 의한 흘수변화에 따른 구조물의 상하동요(heave) 응답이 아주 작아지는 특성을 가지고 있어Tension leg platform과 비슷하게 tension leg을 이용하여 계류하는 방식이나, Tension leg platform과 달리 하부에 밸러스트, 상부에 부력공간을 두어 Tension leg platform보다 안정적인 운동성을 가지고 있다. 이러한 우수한 운동 성능은 부유식 구조물에서 해저면까지 이어지는 시추파이프 라이저(riser)에 걸리는 장력의 변화가 적어서 별도의 tensioner를 사용하지 않아도 시추작업 등이 가능하게 되어 SPAR는 현재 심해용으로 주로 설치되고 있으며, 굴착과 생산을 겸한 구조물로 개발되고 있다.

전형적인 SPAR 구조물의 본체는 강재 또는 콘크리트로 제작된 기다란 원통형 선체(hull)로 이루어져 있으며 시스템은 크게 상부구조, 라이저, 계류장치로 구분된다. 원통 구조의 바깥에는 와류(vortex)에 의한 진동과 그에 따른 과도한 구조응답을 방지하는 나선형 핀(strake)이 설치되어 있다. 원통형 선체 내부에는 rigid riser가 통과하며 상부의 플랫폼 자체 구조에 의해 지지되기 때문에 별도의 riser tensioner는 설치되지 않는다.

전체를 강재로 만든 형태, 전체를 콘크리트로 만든 형태 및 하부에 트러스, 상부에 실린더를 둔 형태 등으로 제작되고 있다. 최초로 사용된 SPAR 구조물은 1976년 북해의 Brent 유전에 사용되었는데 초기에는 주로 저장용으로 사용되었으나 이후에는 점차 시추, 생산용 플랫폼으로 사용이 확대되었다.

SPAR 구조물의 크기는 유정의 개수 및 간격 그리고 유정의 생산규모에 따라 결정되는데 멕시코만에 설치된 전형적인 강재 SPAR 구조물의 경우 본체의 직경이 40 m, 원통형 구조의 길이는 200 m 이상으로 그 중 90% 정도가 물속에 잠기게 된다 구조물의 중량은 20,000톤에 이른다.

변형된 트러스 SPAR 구조물의 경우 구조물 본체는 세 부분으로 나뉘어 그 중 상부의 원통형 부분은 구조물에 충분한 부력을 부여하기 위해 빈 탱크(hard tank)로

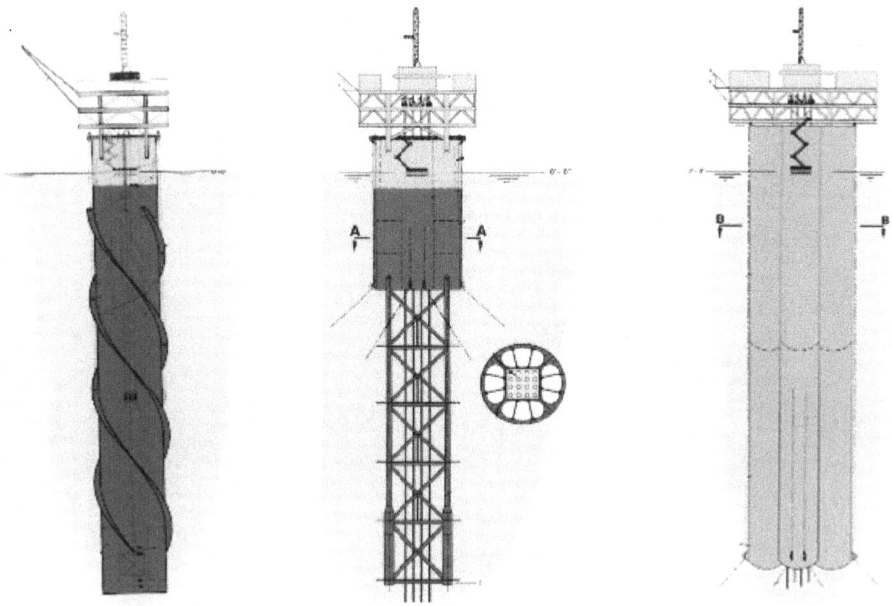


(a) 강재 (b) 강재 + 트러스 (c) 콘크리트

그림 2.35 SPAR 구조 본체의 제작 형식

출처 : www.globalsecurity.org/military/systems/ship/images/)

구성되어 있고 하부의 탱크는 밸러스트를 주입할 수 있는 공간(keel tank)으로 여기로부터 해저면를 향해 파이프라인 등이 연결된다. 상부 원통과 하부의 밸러스트 탱크를 중간에 트러스 구조로 연결하고 있다.

## (3)부유식

### ① 반잠수식 구조물(Semi submersible rig)

해저 석유 개발해역이 수심이 200 m 이하인 천해에서 파도가 거친 심해로 확장됨에 따라서 고정식 구조물은 심해에 적용하기에는 기술적 한계에 봉착하였으며, 적용 가능하더라고 경제성이 떨어지게 되었다. 파도가 심한 해역에서는 일반적인 선박은 동요가 커져서 운동 성능이 안 좋아지기 때문에 사용하기에 어려운 점이 있었다.

반잠수식 구조물은 사각형 모양을 가지고 있어 일반적인 선박과 달리 파랑 중 운동 성능이 우수하여 파도가 거친 해역에서 해저 석유 시추 및 생산 작업에 많이

a) lower hull b) footing
그림 2.36 Semi submersible rig

사용하게 되었다. 간판 승강식 구조물과 비슷하게 해저 석유 시추 및 생산 작업 이외에도 해상 건설 공사나 해저 파이프 설치 작업과 같은 다양한 작업에도 많이 사용되고 있다.

반잠수식 구조물의 전체적인 형상은 부력을 생성하는 하부 구조물, 각종 작업을 수행할 수 있는 상부 구조물, 하부 구조물과 상부 구조물을 연결하는 수직 기둥으로 구성되며 갑판의 중앙부에는 시추작업을 위한 moon pool이 설치된다. 반잠수식 구조물을 부력을 담당하는 하부 구조물 형태로 구별할 수 있는데, 크게 잠수함의 선체와 같은 모습의 lower hull을 갖춘 형식과 footing 형식으로 구별할 수 있다. Lower hull 형식 2개의 부력 몸체 위에 칼럼(column)이라 부르는 직경 3~10 m 정도인 4~8개 수직기둥을 설치하여 직사각형 상부 구조물을 지지하는 형태로서 이동 시 전진 저항이 작다는 특징을 가지고 있다. Footing 형식은 상부 구조물을 지지하는 직경 약 10 m 정도의 칼럼 3~5개의 하부에 각각 독립된 부체(footing)를 설치한 형태로서 트러스 구조의 보강재로 각 칼럼이 연결되는 형태로서 파도에 따른 운동량이 모든 방향으로 균일하여 위치유지가 쉽고 상하동요가 작다는 장점과 구조가 복잡하고 예인 시 저항이 커지는 단점을 가지고 있다. 초기 반잠수식 구조물에는 footing 형식이 주로 적용되어 왔으나 현재는 lower hull 형식이 대부분을 차지히고 있다.

그림 2.37 자항하는 Semi submersible rig

이처럼 파도가 심한 해역에는 해저에 착지시킴 없이 해상에 뜬 상태에서 사용할 수았는 반잠수식 구조물은 dynamic positioning system(DPs)을 적용하여 GPS 정보를 이용하여 실시간으로 Trust을 가동시켜 구소물의 정확한 위치선정 및 유지가 가능하여 별도 구조물 설치 작업이 필요없는 특징을 가지고 있다. 일반적으로 수심 150~2000 m까지 다양한 해역에서 작업가능하여 자체 추진력을 가지고 있어 작업 해역 이동에도 용이한 장점을 가지고 있다.

### ② 선박형 시추 구조물(Drill ship)

Drill ship은 일반적 선박과 같은 형태에 시추를 위한 drilling system을 설치하여 석유/유전개발을 위하여 시추 작업을 수행하는 해양 플랜트로서 추진 프로펠러를 갖추고 있으므로 시추 작업 이후 이동이 불가능한 고정식 구조물과 달리 이동이 가능하며 수에즈(Suez) 운하나 파나마(Panama) 운하를 통과할 수 있을 정도의 선폭으로 세계 각지에서의 시추선박 수요에 쉽게 대응할 수 있다는 장점을 가지고 있다. 반잠수식 구조물과 비교하면, 구조적으로 선반과 같은 형태임으로 건조비가 상대적으로 낮으며 수중 단면적이 작아 동적 위치제어 시스템(DPS)의 용량이 비교적 작아도 되며 갑판면적과 배수량이 커서 화물적재량의 변동을 쉽게 수용할 수 있으며 보급 필요성이 낮은 반면, 파도가 높은 해역에서 동요가 커서 운동 성능이 안 좋다는 특징을 가지고 있다.

Drill ship은 작업공간을 최대로 확보하며 장비를 설치하기 위하여 선수, 선미부의 갑판면적을 확대한 것을 제외하고는 구조적으로 선박과 같은 형태이므로 복원성과 구조안전성이 검증되어 있다. 선체 상부에 설치되는 드릴 탑 구조물은 선박의 운동이 가장 적은 중앙부에 설치하고 있으며 시추 작업 수행을 위하여 드릴탑으로부터 드릴이 지나갈 수 있도록 일반 선박과 달리 선체 중앙부에는 4각형의 Moon pool이 위치하고 있다. Drill ship이 안정적인 시추 작업을 수행하기 위해

그림 2.38 Drill ship Norbe VIII DSME 제작
출처 http://www.dsme.co.kr/epub/business/business0111.do

서는 Drill ship 위치 유지가 중요한 성능 중 하나라고 할 수 있으며, 이를 위해서 다점계류 또는 DPS을 적용하고 있다.

다점계류 방식은 선수미로부터 8~12개의 계류라인으로 잡아당기는 방식으로 수심이 비교적 얕은 곳에서 작업할 때 쓰인다. 터렛계류(turret mooring) 방식은 선체 중앙부에 설치된 터렛계류 시스템에서 8~12개의 앵커케이블을 잡아당겨서 위치를 유지하게 하는 방법이다. 선체는 터렛의 주위를 자유롭게 회전할 수 있어서 항상 바람과 파도가 오는 방향으로 선수를 돌리게 함으로써 선체의 운동과 계류라인에 걸리는 장력을 줄이게 한다. 배의 선수를 돌리는 역할은 선수미의 추진기 (thruster)가 담당하며 회전 중심이 시추탑의 중앙에 위치하여 선체의 회전이 굴착작업에 지장을 주지 않도록 한다. 인공위성의 위치정보를 이용하는 동적 위치제어 시스템은 바람, 파도, 조류 등의 외력의 변화에 대해 여러 개의 추진기(thruster)를 연계시켜 자동제어함으로써 선체를 해저면 유정갱구의 바로 위쪽에 오도록 한다.

시추모선은 이상과 같은 장점을 살려서 기후조건이나 자연환경의 제약으로 짧은 기간 동안에 시추작업을 마쳐야 하며 평온한 해역에 주로 사용되고 있다. 수심이 깊은 대서양의 브라질 연안, 인도양의 인도네시아 및 호주 연안 등에서  주로 사용되고 있다. 특히 브라질 근해와 같이 다른 구조물로는 곤란한 심해(1,000~3,000 m) 시추에는 지금까지 거의 이러한 선박형 구조물이 사용되고 있다.

### ③ 부유식 석유생산시스템(FPSO)

최근 해저원유 개발비용을 줄이려는 노력에서 단순히 시추작업만 가능한 구조물 대신 선박과 같이 이동이 자유롭고 생산, 저장, 하역기능을 함께 가진 부유식 석유 생산 시스템인 FPSO가 많이 건조되고 있다. FPSO(Floating production storage and offloading)는 유정에서 원유를 채굴하여 물과 가스 등 불순물을 선상에서 분리 처리한뒤 생산된 원유를 저장하고 이를 직접 셔틀탱커(shuttle tanker) 등 수송선에 하역하는 설비를 모두 갖춘 선박으로 대수심 유전이나 중소규모 유전의 개발에 활발히 이용되고 있다. 육상 석유 정제시설까지 채굴한 석유를 이동시키지 않고도 기본적인 석유 관련 제품이 생산이 가능하기 때문에 현재 해양 석유/가스 생산 해양플랜트 가운데 가장 주목 받는 구조물이다.

그림 2.39 FPSFO 개념

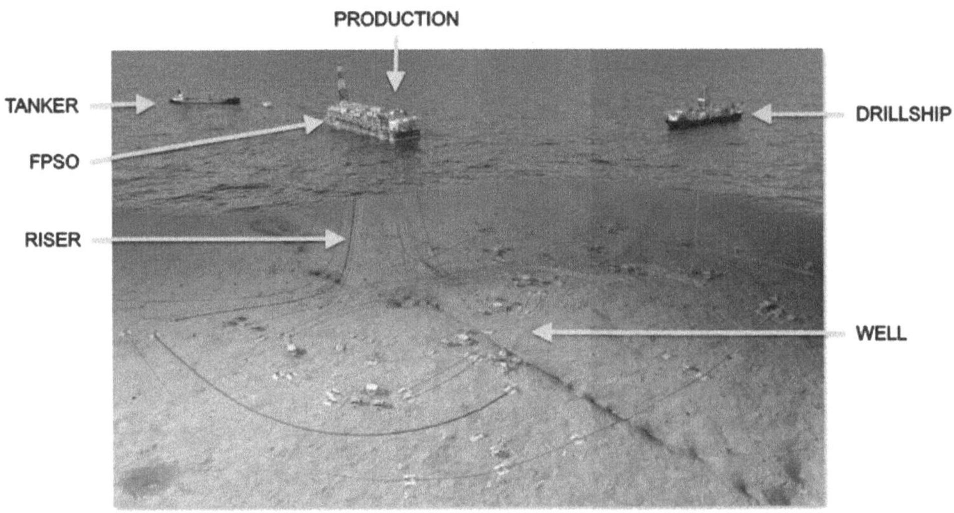


그림 2.40 일반적 FPSO 설치 해역 배치도

수심에 관계 없으나 주로 심해에서 사용되는 FPSO는, 무엇보다도 투자비용이 적게 들고 조기생산이 가능하므로 투자회수까지의 기간이 짧다는 장점이 있다. 그리고 개발단계에 따라 생산시스템 방식의 변경이 쉽게 가능하고 새로운 환경에 맞추어 시스템을 재이용할 수 있다는 장점도 가지고 있다.

그림 2.41 Medan LNG Floating Storage and Regasification Unit ("FSRU") project in North Sumatra, Indonesia.
출처 http://worldmaritimenews.com/archives/50380/indonesia-pgn-concluds-relocation-of-medan-lng-fsru/

최근에는 FPSO와 같이 복합적인 기능을 가진 구조물 중에서 생산과 저장, 운송과 관련된 특수기능을 첨가하거나 생략한 형태로서 다양한 구조물이 등장하고 있다. FSO(Floating Storage and Offloading System)는 원유를 저장하고 유조선에 선적하는 역할만을 위한 부유체로 채굴된 원유에서 물과 가스 등을 분리 처리하기 위한 설비는 갖추고 있지 않으며, FPS(Floating Production System)은 유정에서 원유를 채굴하고, 거기에서 물과 가스 등의 불순물을 분리 처리하는 설비만을 갖추고 저장 장치는 없는 부유식 구조물이고,FSU(Floating Storage Unit)는 처리된 원유의 저장 목적으로만 사용되는 부유체이며 원유를 파이프라인을 통해 육상으로 이송하는 것이 일반적이나 유조선을 이용하기도 한다.

FSRU(Floating Storage and Re-gasification Unit)는 기존 LNG선(액화천연가스선)과 육상 LNG 저장기지의 기능을 합친 것으로서 해저 가스전에서 생산된 천연가스를 액화시켜 저장하고 재기화(re-gasification)시키는 설비를 갖춘 부유식 구조물이다. 기존 LNG선이 생산된 천연가스를 액화시켜 운반한 뒤 육상 LNG 저장기지에 하역하는 것으로 끝나는대신, FSRU는 육지에서 충분히 떨어진 해상에서 극저온에서 액화된 LNG를 기화시켜 사용할 수 있는 상태로 만들어 소비자에게 직접 공급하는 기능을 가지고 있으며 육상 LNG 저장기지 설비가 필요없다는 점에서 향후 석유/가스 생산 관련 해양 플랜트 시장에서 성장할 것으로 기대하고 있으며, 대한민국 조선소에서 2011년, 2012년 전 세계에서 발주한 모든 LNG FSRU을 수주하여 경쟁력을 계속 갖추고 있다.

그림 2.42 Pazflor FPSO
출처http://www.dsme.co.kr/epub/business/business0109.do#none

## 2.2.4 기타 해양플랜트

### 1) 부유식 거주 시설

생산 활동을 영위하여 스스로 자급 자족 생활을 할 수 있어야 하는 해상 도시와 달리 생산 활동 없이 해상의 쾌적한 생활을 즐기고 레저를 즐기면서 환경을 훼손하지 않는 시설을 설치할 수 있다는 장점을 살려 해상에 부유식 호텔(floating hotel)이나 부유식 주거시설이 설계되고 있다. 최근에는 레저시설의 일부로서 해상에 부유식 해상호텔이 건조된 예가 있다. 호주의 타운즈빌 앞바다 72 km, 수심 6~10 m 산호초 해역인 Great Barrier Reef에 설치된 부유식 해상호텔이다. 길이×폭×높이가 89.2 m×27.6 m×27.2 m이고 흘수가 3 m인 이 해상호텔에는 객실 200실, 레스토랑, 디스코장, 컨벤션홀, 테니스 코트, 헬리 포트, 수중관광선 등 시설이 갖추어져 있다. 이 주거용 구조물은 1점 계류방식과 앵커 2개를 사용하여 해상에 정박시킨다.

그림 2.43 Floating hotel at Great Barrier Reef
출처: http://members.virtualtourist.com/

그림 2.44 Floating accommodation barge for workers
출처 http://www.shetlandtimes.co.uk

한편 해상에 설치되는 주거시설의 또 다른 용도로 해상작업 혹은 해저유전 개발에 참여하는 작업자 숙소로 이용되는 해상 주거용 바지(accommodation barge)가 있다. 이러한 시설은 육상 조선소에서 일체의 설비를 탑재시킨 플랫폼을 건조하여 이것을 작업 현장에 예인하고, 현장에서는 해저에 파일을 박고 플랫폼을 수면 위로 밀어 올려 고정시킨다. 이러한 주거용 바지에는 많은 인원의 장기간 거주에 필요한 물과 전기를 생산하는 담수화 시설과 발전시설도 함께 탑재되어 있다. 바지선의 형태를 가지는 것도 있지만 선박 형태를 가진 호텔이나 집단 주거설비도 만들어지고 있다

## 2) 부유식 항만 및 접안시설

해상물동량의 증가와 함께 항만시설의 확장도 필수적으로 뒤따르게 되었다. 국제무역을 통해 자국의 경제발전을 추구하는 국가들은 대부분 수심이 깊고 넓은 배후물류 기지를 확보할 수 있는 곳에 새로운 항만을 개발하고 있다. 신항만 건설은 대체로 연안을 매립하여 건설하는 방식을 택하고 있는데 그 대표적인 사례가 중국 상하이(上海)의 Yangsan 신항만과 우리나라의 부산 신항만이다. 매립식 해상공항 건설과 마찬가지로 부족한 육상공간을 확보하기 위해 기술적으로는 비교적 용이한 방법이지만 장·단기적으로 해양환경에 부정적이라는 반대의견과 과도한 건설비 문제로 여전히 논란이 많다.

최근에는 대규모 매립에 의한 항만부지 확보보다는 훨씬 친환경이고 또한 이동이 가능한 부유식 항만시설 건설이 계획되고 있다. 부유식 항만시설은 콘크리트 케이슨 을 이용하거나 강재를 사용하게 되는데, 애초에는 선박의 해상 접안시설(sea terminal) 의 개념에서 출발하였으나 근래에는 항만/하역시설과 부유식 방파제 그리고 해상 저장시설로도 활용되고 있다.

해상을 이동할 수 있는 접안시설은 기술적으로 대형 콘크리트 부체 제작이 가능한 상황이다. 국내 조선업계는 강재가 주재료인 부유식 해양구조물 분야에 콘크리트 기술을 접목하면 새로운 시장이 열릴 것으로 보고 있는데, 이를 응용해 해상호텔이나 저장시설뿐만 아니라 해상을 이동할 수 있는 접안/하역설비에도 관심을 돌리고 있다. 향후 항만 인프라의 상당 부분을 이러한 방식의 해상구조물이 대체할 것으로 예측하고 있다.

콘크리트 하이브리드 안벽의 특징은 이동이 가능하다는 점으로서 선박이 항구에 들어오면 선박의 다른 측면으로 이동해 양쪽에서 하역할 수 있다. 현재는 선박의 한쪽 면에서만 기존 부두에 설치된 3~5개의 컨테이너 크레인으로 하역작업을 하고 있지만 콘크리트 하이브리드 안벽이 상용화되면 양쪽에서 최대 9개의 크레인으로 작업해 하역시간도 대폭 단축할 수 있게 된다. 콘크리트 하이브리드 안벽은 길이 480 m, 폭 160 m, 깊이 7 m 정도의 규모로 3 m 높이의 파도에도 견딜 수 있도록 설계된다. 아직 국내외에서 건설된 사례는 없다. 한편 대형선박의 접안이 어려운 항만이나 물동량이 많아 항만시설이 포화상태인 항만에서는 항만/하역시설 전체를 움직이는 부체 위에 설치하고 이를 외해로 이동시켜 하역작업을 수행하는 개념의 구조물이 구상되고 있다. 모바일하버(mobile habor)란 이름으로 불리는 이 구조물은 30 km 외해에 정박 중인 대형 컨테이너 선박으로 접근해 컨테이너를 하역한 뒤 이를 항구로 가져 오도록 하는 개념이다. 최대 파도 2~3 m 까지 안정석인 작업이 가능하다고 하고 수심 5 m 내외의 얕은 중소형 항구의 기능을 보완해주는 장점을 가지고 있으나 이 시스템을 사용 시 부체의 전복 등 안전성에 관한 여러 문제와 함께 경제적인 장·단점에 대해서도 아직 전문가의 의견이 갈리고 있다.

방파제는 항내의 정온을 유지하며 하역의 원활화, 선박의 항행 및 정박을 안전하게 하기 위해 설치하는 구조물인데 최근 기존의 고정식(중력식) 방파제를 대신하여 부유식의 방파제가 제작되고 있다. 중력식 방파제는 사석이나 콘크리트 등을 해저에 쌓아 파도를 막는 방식인데 부유식 방파제는 파랑 에너지의 대부분이 작용하는 자유수면아래 20% 정도만을 부체 구조물을 띄워서 파도를 막는 방식이다. 이러한 방식은 해수의 흐름을 방해하지 않아 해양환경 피해가 적고 중력식에 비해 상대적으로 시공이 간단하고 건설비가 적게 든다. 또한 지진에 의한 피해가 없고 해저 지질조건의 영향을 받지 않는다는 장점이 있어서 영구적인 시설보다는 이동, 철거가 자유로운 일시적 용도로 사용되고 있다. 일본의 경우 1980년대에 26건의 부유식 방파제를 설치한 바 있으며 미국의 경우에 도 상자형 부유식 방파제의 현장 모형시험을 실시한 바 있으며, 또한 자동차의 폐타이어를 이용한 부유식 방파제를 개발하고 있다. 국내에서는 부유식 방파제와 유공식 방파제에 역점을 두고 소파성능이 우수한 구조물 설계 및 시공기법을 개선하는 노력을 하고 있다. 한편 부유식 구조를 이용한 저장/교통/주거/스포츠 시설 등 복합기능을 갖춘 구조물도 등장하고 있다. 부유식 방파제 위에 파랑발전 시스템을 장착하여 전기를 생산할 수도 있다.

### 3) 작업용 부유식 구조물

각종 해양 플랜트 설치 및 운영을 위하여 필요한 작업 수행하기 위한 플랜트로서 조력 및 풍력 발전 시설 또는 해저 파이프 설치하는 작업 등을 수행한다. 작업용 부유식 구조물 특징은 일반 선박 형태와 비슷하나, 작업 성격에 적합한 설비를 갖추고 있으며, 장비를 장치하기 위하여 상갑판이 열린 공간 형태로 제작되어 있다. 또한 세계 여러 장소에서 작업을 수행해야 하기 때문에 선박과 동일한 추진 시스템을 갖추고 있으며, 자항 이동이 가능하다. 대표적인 작업용 부유식 구조물로는 WTIV와 Cable/pipe layer가 있다.

WTIV(Wind Turbine Installation Vessel)은 해상에서 설치하기 위한 풍력발전장치운반하고 운반된 장비를 해상에 설치하는 역할을 수행한다. 기본 구조는 작업 설비가 설치되어 있는 Topside와 선박 형태 hull로 구성되어있다.

Pipe layer, Cable layer는 각각 해저에 각종 pipe와 cable을 매설하기 위한 부유식 구조물이다. WTIV에 비해서 선박에 보다 가까운 형태를 하고 있으며, Pipe, cable을 설치하기 위한 각종 장비들이 Topside에 위치한 형태이다.

그림 2.45 WTIV

그림 2.46 Cable layer

# 연습 문제

1. 조력 발전과 조석 발전을 각각 설명하고 차이점을 설명하시오

2. 대형 부유식 구조물 중 부유식 공항의 역사와 장점에 대해서 설명하시오

3. 선박과 석유/가스 생산 해양플랜트 운용 목적에 대해서 각각 설명하시오

4. 석유/가스 생산 관련 해양플랜트 제작과 상선 건조 차이점 중 5 가지를 골라 설명하시오.

5. 부유식 석유/가스 생산 관련 해양 플랜트 3가지에 대해서 각각 특징을 설명하시오

# 참고 문헌


1) http://blog.kma.go.kr/270
2) http://www.seasteading.org/engineering/clubstead-design/
3) http://www.nasa.gov/centers/jpl/images/
4) http://www.offshore-technology.com/
5) http://en.wikipedia.org/wiki/List_of_offshore_wind_farms#cite_note-72
6) http://en.wikipedia.org/wiki/Tension-leg_platform
7) http://www.offshore-technology.com/projects/matterhorn/matterhorn4.html
8) http://www.uspowergen.com/portfolio/astoria-generating/gowanus/
9) http://www.world-nuclear.org/info/Country-Profiles/Countries-O-S/Russia--Nuclear-Power/
10) http://www.worldsfairphotos.com/expo75/postcards.htm
11) http://worldmaritimenews.com/archives/50380/indonesia-pgn-concluds-relocation-of-medan-lng-fsru
12) http://www.shetlandtimes.co.uk/2010/05/31/floating-accommodation-barge-arrives-to-accommodate-sullom-workers
13) http://members.virtualtourist.com/m/1a6d2/1c84a0/
14) http://www.dnv.com/press_area/press_releases/2005/FirsttrussparoutsideGulfofMexicotoDNVclass.asp
15) http://hydrovolts.blogspot.kr/2009_04_01_archive.html
16) http://www.darkroastedblend.com/2007/07/alternative-energy-super-projects.html
17) 정태영, 정정훈, "해양공간 활용을 위한 대형 부유구조물 이용기술의 현황 및 전망", 대한금속학회 97 철강심포지엄, pp. 560 - 570, 1997.
18) 홍사영, "부유식 구조물을 이용한 해양 공간 이용 기술", 대한토목학회 제 55권 제 3호, pp 80 - 86, 2007.

19) 조철희, "부유식 해상터미널의 도입 방안 연구 ", 황해권 수송시스템연구보고서, 2002.

20) 김태희, 손호재, 박창수, 해양플랜트공학 2006년 선학출판사 한국 인천

21) 손호재, 김태희 Fundamentals of offshore Engineering, 2012년 원창출판사 한국 인천

22) 최경식, 해양플랜트개론, 2010년 문운당, 한국 서울

23) Robert E. Randall, Elements of ocean engineering, 2nd Ed2010 SNAME

3

CHAPTER

# 해양 장비

## 3.1 해양 장비 개요

대한민국 조선해양 산업은 선박 설계 및 건조 능력과 경험을 바탕으로 현재 석유가스 생산 관련 해양 플랜트 플랫폼 제작 시장에서는 2011년, 2012년 수주량, 발주량에서 세계 시장 1위를 굳건하게 지키고 있다. 석유/가스 생산 관련 해양 플랜트에서 대한민국 조선해양 산업이 1위를 지킬 수 있는 것은 석유/가스 생산 장비를 설치할 수 있는 선각 구조물 설계 및 건조에서 경쟁력이 강해서이기 때문인데, 석유/가스 생산 해양플랜트에서 선각 구조물이 가격과 부가가치 면에서 차지하고 있는 비중은 일반 상선과 달리 50% 이하를 차지하고 있다. 석유/가스 시추를 위한 Drilling system이나 생산을 위한 Processing system으로 대표되는 topside 부분이 해양플랜트 제작에서 발생하는 부가가치의 대부분을 차지하고 있다.

이러한 topside 장비 시장은 폭발 위험성을 가지고 있는 원유, 천연가스에 대한 각종 공정을 수행해야 하는 장비 특성 때문에 발주처에서 많은 운용 실적을 기반으로 하여 안정성이 검증된 외국 제품을 요구하여 신규 업체 진입이 어려운 보수적 성향이 강하다 할 수 있다. Topside 장비와 비슷한 기자재를 생산할 수 있는 국내 선박 관련 기자제 업체들이 많이 있으나, 대부분 선박 건조 관련 기자재에 특화되어 있어 석유/가스 생산 관련 해양 플랜트 적용 기자재를 제작한 실적이 매우 적기 때문에 국내 업체들이 topside 시장에서 차지하고 있는 비중이 매우 낮다. 이처럼 석유/가스 생산 관련 해양 플랜트 제작 시 선각 시스템이외에도 더 큰 시장으로 존재하는 것이 각종 장비 시장이라고 할 수 있다. 아래 그림은 실제 석유/가스 생산 관련 해양 플랜트 산업에 다루고 있는 제품을 보여주고 있다.

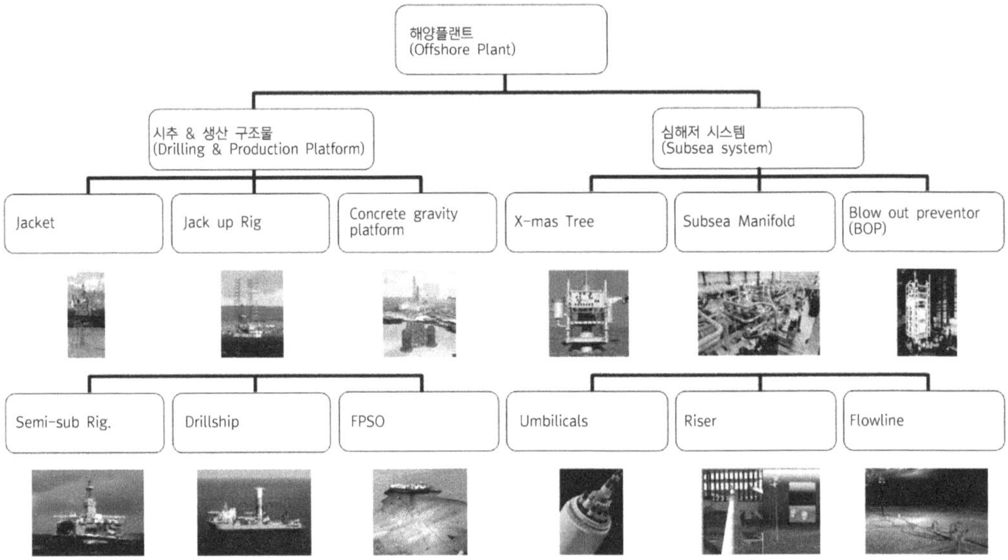


그림 3.1 해양 플랜트 산업 중요 제품군

국내에서는 해양플랜트라고 하면, 대부분은 Drill sip, FPSO와 같은 석유/가스 생산 관련 플랫폼으로 여기고 있어 해양플랜트 기자재라고 하면 석유/가스 생산관련 해양플랜트와 관련된 장비로 국한하여 보고 있으나, 해상에서 생산 활동을 수행하는 모든 해양 플랜트로 넓혀서 생각하면, 매우 다양한 해양 플랜트 관련 장비들이 존재하고 있다. 따라서 해양장비는 해양에서 에너지/자원을 생산하는 시설 해양 산업 분야에서 생산 활동을 수행하기 위하여 필요한 모든 장비라고 정의할 수 있다.

그러나 이 책에서는 해양 플랜트 설계, 설치, 시공, 실제 제품 생산, 유지, 보수 등에 사용되는 모든 장비로 정의한다. 이 책에서 정의하고 있는 해양 플랜트 관련 장비는 그 종류가 매우 많다고 할 수 있기 때문에 이 책에서는 조선해양공학을 배우는 학생으로 반드시 알아야 필요가 있는 석유/가스 생산 관련 해양 플랜트와 관련된 장비 위주로 하여 설명한다. 석유/가스 생산 관련 해양 플랜트와 관련된 해양 장비를 살펴보면 앞에서 이야기한 석유/가스 시추 및 생산을 위한 장비, 석유/가스 탐사를 위한 장비, 해양플랜트 설치 및 유지보수를 위한 장비로 나누어서 생각할 수 있다. 이 책에서 다룰 보다 자세한 해양 장비 종류는 다음과 같다.

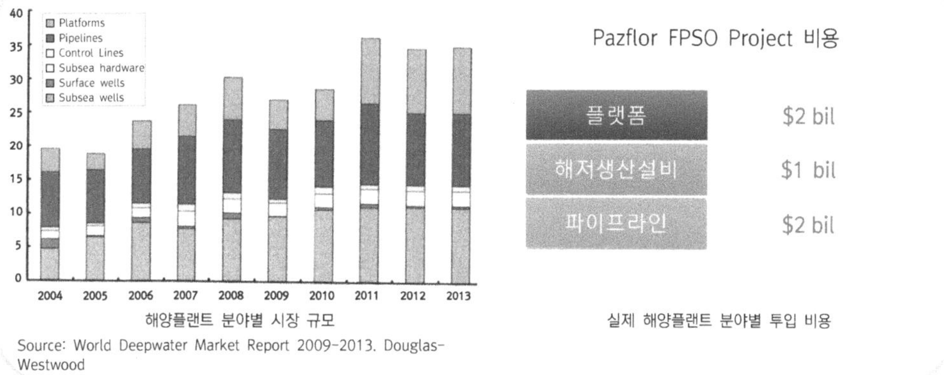


그림 3.2 해양 플랜트 분야별 시장 규모

- 계류 시스템 (Mooing system): 석유/가스 관련 및 각종 부유식 해양 플랜트 위치 유지용 장비
- FPSO 탑재 석유 가스 생산 시스템(Production system) : 원유 생산을 위한 각종 Top side 장비
- Drill ship 탑재 시추 장비 (Drilling system): 시추 작업을 위한 각종 Top side 장비
- 심해저 시스템(Subsea system): 해저 유정 관리 및 채취된 원유/가스 이동 등을 위하여 수면 아래에 설치되는 장비
- 수중 로봇(Unmaned underwater vehicle): 수중 용접, 파이프 설치 등과 같은 해양 플랜트 설치/시공/유지보수 작업에 필요
- 해양정보 획득용 장비 (Data aquisition system): 해양플랜트 설치 위치 결정에 필요한 해양 환경 정보 수집용 장비

## 3.2 계류 시스템(Mooring system)

석유/ 가스 생산 해양 플랜트의 경우 심해 유전 개발 증가로 고정식보다는 부유식 또는 유연식 해양 플랜트에 대한 수요가 증가하고 있다. 위치가 항상 고정되어 있는 파랑 하중과 같은 외력에 대해서 파괴되지 않을 정도의 강도만 유지하면 되믄 고정식 해양 플래트와 부유식 해양 플랜트는 파랑 하중 등 유체에 의한 외력에 저항을 하면서도 안정된 석유/가스 생산 작업 및 시추 작업을 위해서는 해양플랜트 위치를 일정하게 유지해야 한다.

즉 해양 플랜트의 위치 유지 성능이 곧 해양 플랜트 전체 성능에 큰 영향을 줄 수 있을 정도다. 위치 유지 성능은 결국 심해저 시스템(subsea system)과 연결 상태 유지에 많은 영향을 주기 때문에 결국 해양 플랜트 가동률 및 작업 능률에 큰 영향을 준다. 또한 발전 플랜트 바지, 부유식 인공섬, 부유식 해양 저유 기지 등 각종 부유식 해양 플랜트에서도 위치 유지 성능은 해양 플랜트 성능에 직결되기 때문에 매우 중요하다고 할 수 있다. 이 책에서는 각종 해양 플랜트에서 사용되는 계류 시스템에서 현재 석유/가스 생산 관련 해양 플랜트에서 많이 사용되고 있는 장비에 대해서 설명한다.

### 3.2.1 터렛계류(turret mooring)

FPSO, Drillship 등 선박형 해양 플랜트에 많이 사용하는 시스템으로서 해양 플랜트 내부 또는 외부에 설치되는 회전 테이블인 터렛(turret)에 체인을 연결하고 체인 반대편을 해저에 설치하여 위치를 유지하는 시스템이다.

파랑 하중이 작용하면, 해저에 연결되어 고정된 터렛을 중심으로 하여 선체가 회전을 하여 일정한 위치를 유지하게 된다. 터렛 계류 시스템은 크게 터렛을 선체 내부에 설치하는 내부 터렛 계류 시스템과 선체 외부에 별로 터렛을 설치하는 외부 터렛 계류 시스템으로 분류할 수 있다.

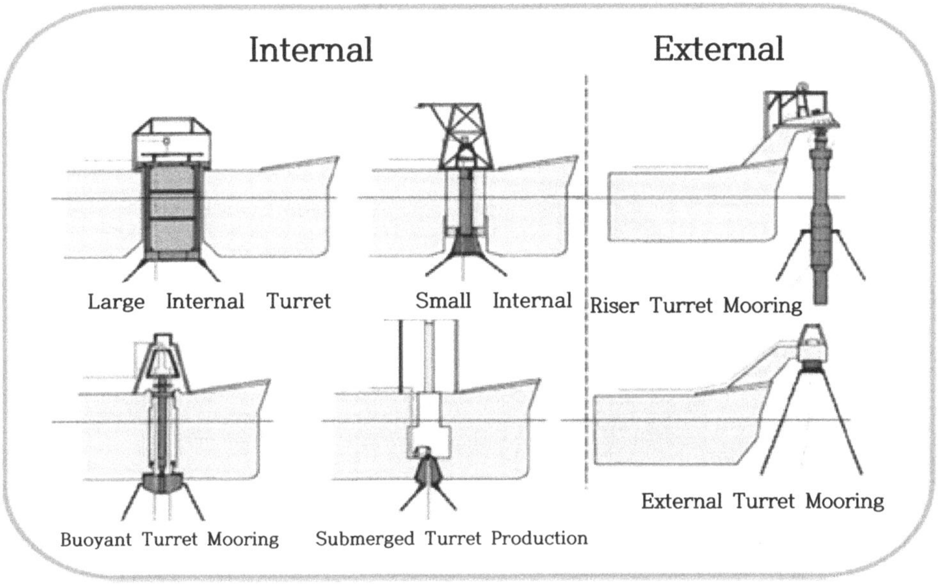


그림 3.3 터렛 계류 시스템 종류

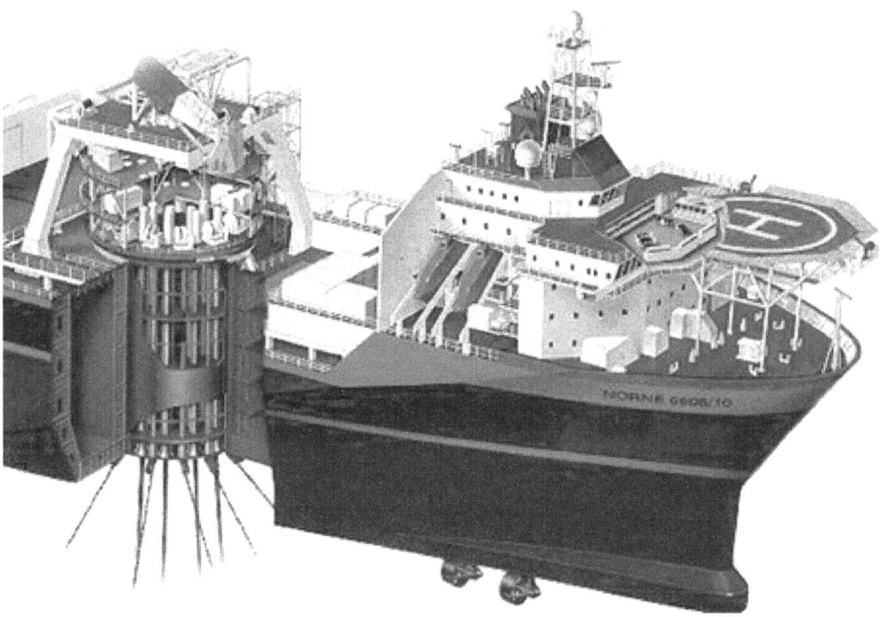

그림 3.4 내부 터렛 계류 예

그림 3.5
외부 터렛 계류 예

## 3.2.2 체인·와이어 다점계류 방식(spread mooring system)

Semi submersible rig에 주로 사용하고 있는 계류 방식으로 해저와 연결된 2개 이상의 체인·와이어를 부유식 해양플랜트에 연결하여 해양 플랜트의 이동이나 선회를 방지하는 방식이다. 최근에서는 Thruster와 병행하여 사용하여 악천후에도 계류 라인 장력을 감소시키는 방식도 도입되고 있다.

체인·와이어 다점 계류 시스템은 수심과 요구하는 성능에 따라서 각각 와이어 + 앵커, 체인+ 앵커, 와이어+체인+앵커를 사용하는 시스템으로 구분할 수 있다. 각 시스템에 대한 비교 결과가 아래 표에 정리되어 있다.

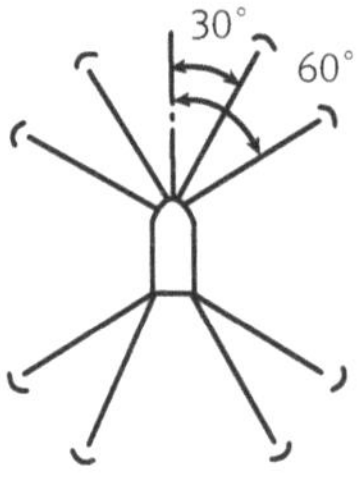


30° - 60° 8점 계류

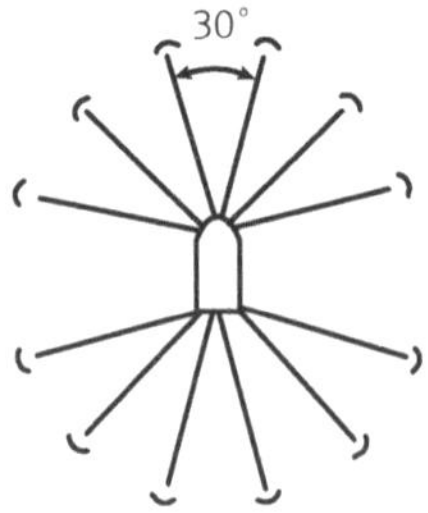


대칭 12점 계류

그림 3.6 다점 계류 형태 예　　　　출처: 해양공학의 기초 지식

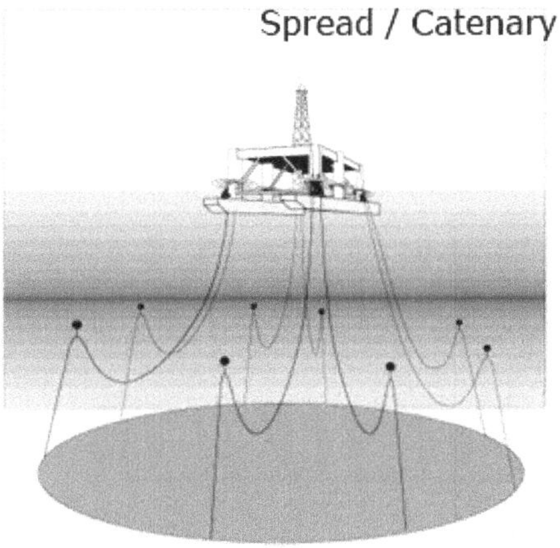


그림 3.7
체인와이어 다점 계류 개념

출처
http://www.offshoremoorings.org/moorings/2005/overview/Resultc.html

표 3.1 계류 시스템 비교

| 계류 시스템 | 수심 (m) | 성능 | |
|---|---|---|---|
| | | 작업시 수평 이동 | 폭풍시 끌림 정도 |
| 와이어 + 앵커 | 50 ~ 400 | 작음 | 끌리기 쉬움 |
| 체인 + 앵커 | 50 ~ 600 | 비교적 큼 | 비교적 안정 |
| 와이어 + 체인 + 앵커 | 400 ~ 1000 | 비교적 작음 | 비교적 안정 |

### 3.2.3 돌핀 계류 방식

돌핀(dolphin)계류 방식은 해안에서 멀리 떨어진 곳에 설치된 몇 개의 독립된 기둥 모양의 구조물에 방현재(方舷材)를 사이에 설치하여 부유체를 계류하는 방식이다. 대형 해양 플랜트 계류를 위해서 필요한 견고한 구조물을 설치하기 위해서는 많은 건설비가 요구될 수 있는데, 돌핀 계류 방식은 이에 비해 단기간에 작은 건설 비용으로 건설할 수 있다는 장점을 가지고 있다. 하지만 강재를 사용하기 때문에 강재 부식 때문에 사용 연한이 짧고 수심 제한이 있는 단점을 가지고 있다. 또한 체인·와이어 다점 계류 방식 보다 비용이 많이 든다는 점도 단점으로 들 수 있다.

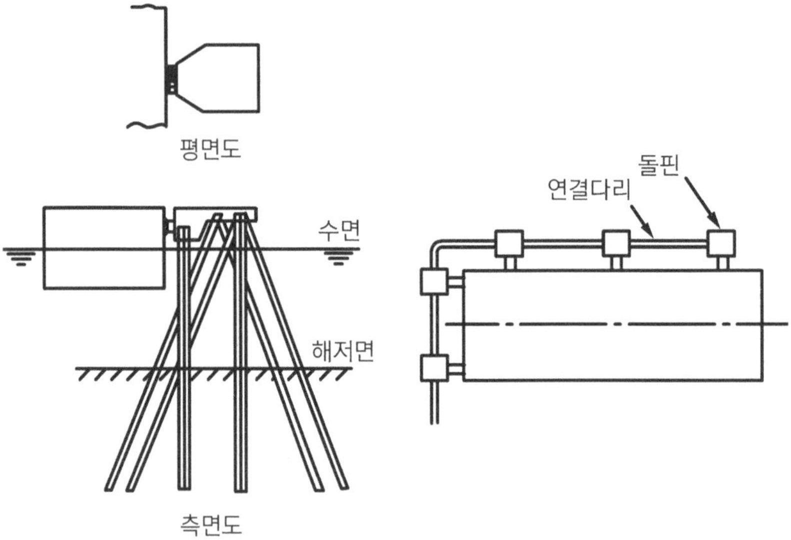


1) 돌핀 구조　　　2) 돌핀 배치

그림 3.8 돌핀 계류 방식　　출처: 해양공학의 기초지식

그림 3.9
돌핀 계류 적용
LNG 기지

출처:
http://www.weeksmarine.com/node/500

## 3.2.4 동적 위치 유지 시스템(Dynamic position system)

동적 위치 유지 시스템 (DPS)은 깊은 수심(500 m 이상 수심) 에서 운용되는 FPSO, Drillship, Semi submersible rig 등과 같은 부유식 해양 플랜트에 주로 적용되고 있는 계류 시스템으로 계류라인이 없이 추진기만으로 위치를 유지하는 시스템이다. 컴퓨터 제어 시스템이 위성에서 송신하는 GPS 신호와 해저면에서 설치되어 있는 음파 신호기에서 송신하는 음파 신호를 수신하여 거리 정보를 구하고 거리 정보와 자율 제어 기법에 의해서 해양 플랜트의 위치와 방향을 일정하게 유지하게 된다.

DPS을 구성하기 위해서 필요한 장비는 위치 & 방향 유지를 위한 추진력을 발생시키는 Propulsion system, 해양플랜트 위치 & 방향 및 주변 환경 정보를 획득하기 위한 Reference system이다. 수심에 따라서 Turret mooring & Spread mooring과 병행하여 사용하고 있다. Reference system에서 주로 채택되고 있는 sensor는 2종류가 있는데 위치 파악을 위한 sensor는 GPS, Acoustic Base Line 등이 사용되고있으며, 해양 플랜트의 자세(motion of offshore plant)을 위한 센서로는 Gyrocompass, Inertial measurement unit (IMU) 등이 사용되고 있다. 위치 유지와 자항 시에는 추친 장치로 사용되는 Propulsion system은 크게 Azimuth thruster와 Bow & Stern thruster등이 많이 적용되고 있으며, 최근에는 water jet 방식을 이용하기 위한 연구도 진행되고 있다.

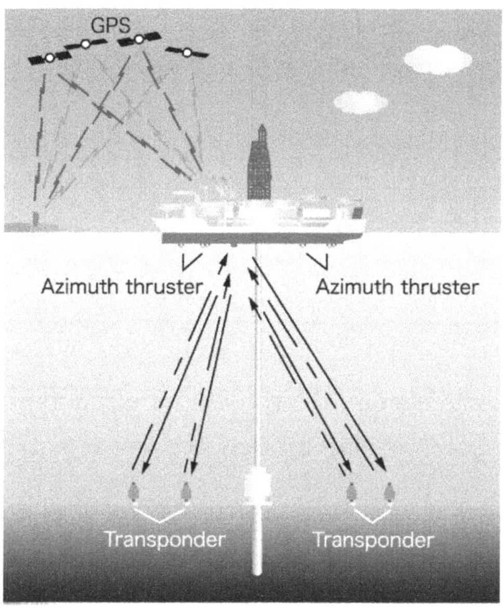


그림 3.10
DSP 개요

a) Azimuth thruster

b) Bow thruster

그림 3.11 Propulsion system

# 3.3 FPSO 탑재 석유 가스 생산 시스템

FPSO을 탑재되는 장비는 크게 2 종류로 나눌 수 있는데, 각각 선각 시스템(Hull system)과 상부 시스템(Topside system)인데, 선각 시스템은 FPSO 생산 장비를 해상에서 지지/유지 하기 위하여 필요한 각종 장비 및 시스템을 의미하며, 상부 시스템은 원유 생산을 위한 시스템을 의미한다. 다시 이야기하면, 선각 시스템은 선박 자체 및 선박 운용을 위해서 필요한 시스템이며, 상부 시스템은 해양 플랜트 고유 기능을 수행하기 위하여 필요한 시스템으로 이러한 정의는 모든 해양 플랜트에 공통적으로 적용된다.

본 절은 제품 생산을 위한 장비를 설명하고자 함으로, 선각 시스템에 대한 설명은 생략하고 상부 시스템에 대한 설명만을 서술한다.

FPSO가 채취한 석유를 정제하여 유류를 생산하는 것을 목적으로 하고 있기 때문에 FPSO의 상부 시스템은 원유 생산 공정을 준용하여 설치된다. 이러한 이유에서 FPSO의 상부 시스템은 원유생산을 위한 장치들인 분리시스템, 안정기, 수분 제거(dehydration) 시스템, 압축 (compression) 시스템, 증류 (distillation) 시스템과 원활한 석유 채취를 위한 피그 주입기/회수기(pig launcher/receiver) 및 주수(water injection)으로 구성된다.

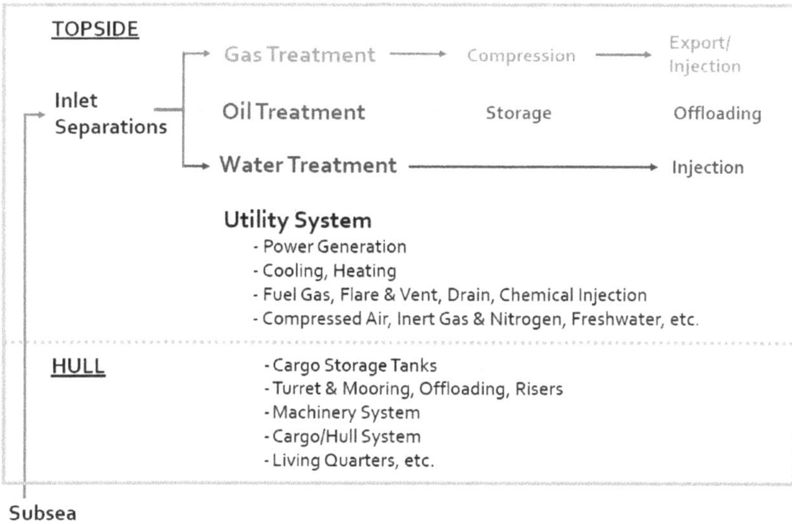


그림 3.12 FPSO Process 개요

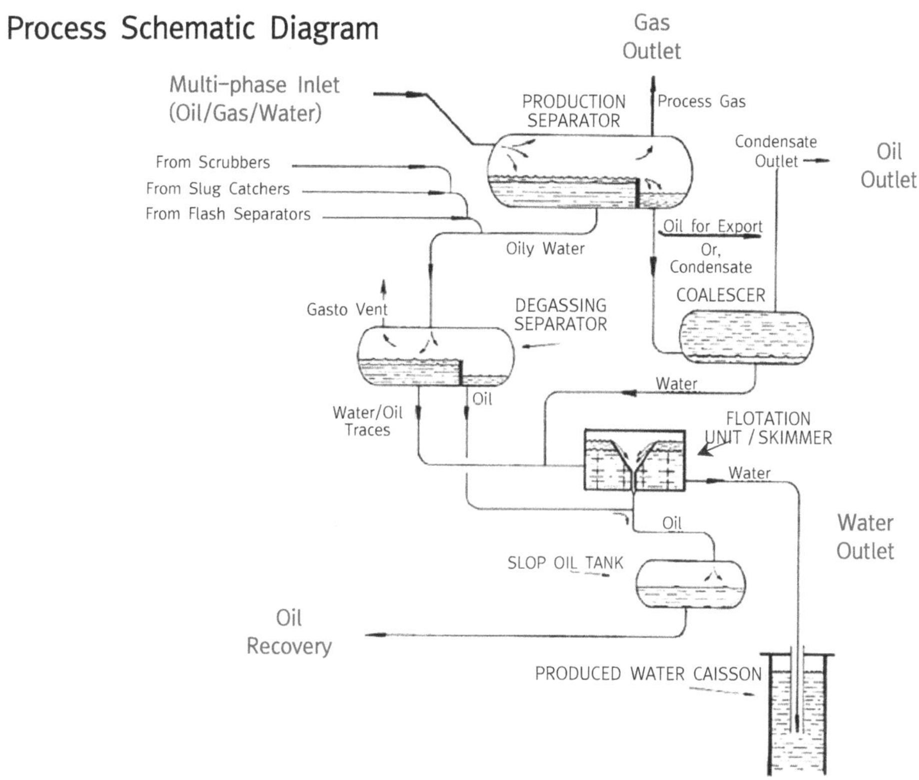


그림 3.13 FPSO Process 흐름도

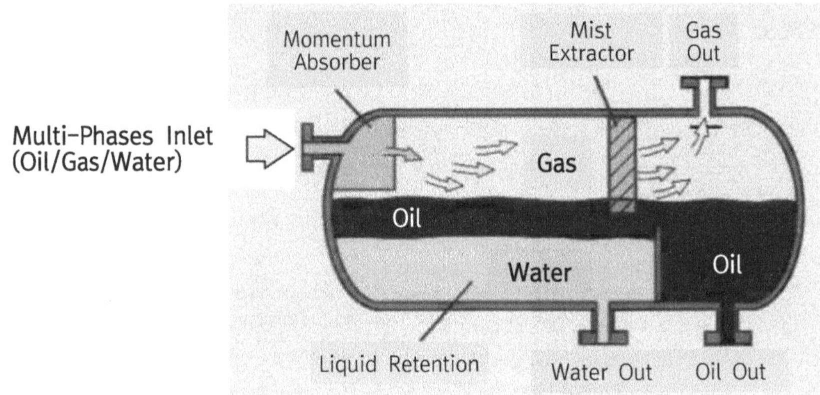


그림 3.14 분리시스템 개념도

## 3.3.1 분리 시스템

유정에서 채취된 석유에는 원유 이외에도 물, 가스 등이 포함되어 있다. 또한 FPSO는 생산성 확보를 위하여 다수의 유정에 대해서 석유를 채취하고 있는데 FPSO에 연결된 각 유정별로 채취 석유 구성 조건이 다르기 때문에 각 유정별로 물, 원유, 가스를 분리할 필요성이 높다. 또한 석유에 포함된 가스는 각종 파이프내 압력을 고압으로 만들기 때문에 반드시 분리해야 한다.

이러한 원유, 물, 가스 분리 작업를 위하여 설치되는 분리 시스템은 비중의 차이를 이용하여 원유, 물, 가스를 분리한다. 또한 석유 점도를 감소 시켜 분리 공정의 효과를 높이기 위해서 분리 장치에 원유를 주입하기 이전에 선행 가열 과정을 적용한다. 분리 시스템을 통하여 분리된 물은 정제 과정을 통하여 폐기하거나 유정 내 압력과 형태를 유지하기 위하여 주입된다. 또한 분리 시스템을 통하여 분리된 가스는 별도 가스 처리 시스템에서 소각 처리된다. 분리 시스템은 먼저 가스와 액체를 분리한 후 원유와 물을 분리하는 순서로 보통 작업을 수행한다.

## 3.3.2 안정기(stabilizer)

분리 시스템에 의해서 분리된 원유에는 휘발성이 높은 성분이 포함되어 있는데 이러한 휘발 성분은 시간 흐름에 따라 자연적으로 증발하게 된다. 휘발성 성분은 폭발 가능성이 높아서 FPSO 안전한 운용을 위해서 반드시 처리해야 할 필요가 높다.

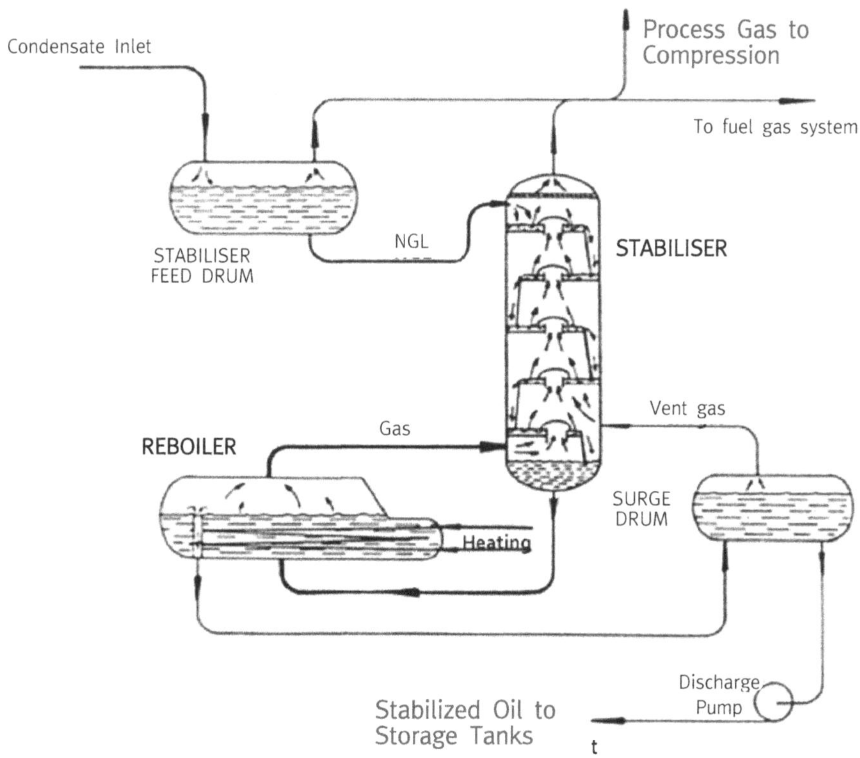


그림 3.15 안정기 작업 개요

이를 위하여 고온을 적용하여 액체 상태에서 원유에 포함되어 있는 휘발성 성분을 사전에 제거히기 위한 안정기를 설치하게 된다. 안정기 설치를 통하여 적절한 원유 사양을 유지하는 것이 가능하다. 석유 안정화 방법은 크게 2가지로 나누울 수 있는데, 첫 번째 방법은 다상 분리(Multistage Separation)이고 다른 하나 방법은 가열(Heating)이다.

원유에 포함된 휘발성 성분이 감소하게 되면 원유의 저장과 수송이 용이해지는 효과를 가져온다. 안정기 처리 과정을 통해서 처리된 가스는 압축기를 통해 천연가스 라인으로 송부하여 생산성을 향상시키게 된다.

### 3.3.3 원유 수분 제거(Crude oil dehydration) 시스템

원유가 판매 될 때, 저류 이동을 위해서 원유 내에 수분 함량 최대치가 보통 규정되어 있다. 경질유 경우 0.1 ~ 0.5% 이내, 중질유는 5% 이하 수분이 함유되어 있어야 한다. 일정한 수분 유지를 위해서 초과하는 원유 내 수분은 제거해야 하는데, 중력만으로 수분을 제거 하면, 제거 속도가 매우 느리기 때문에 일반적로 전기 수분 제거기(Electrostatic dehydrator/desalter)을 이용하여 수분을 제거한다.

수분 제거 작업은 우선 높은 교류 전압을 이용하여 전기장을 형성하는 것으로 시작한다. 고전압 교류 전기장은 원유 속 수분이 전기적 성질을 가지게 되는 전하 작용을 발생시키며, 전기적 성질을 가지게 된 원유 속 수분이 교류 전압에 의하여 진동 운동을 하게 되면서 분리 작업을 수행하게 된다.

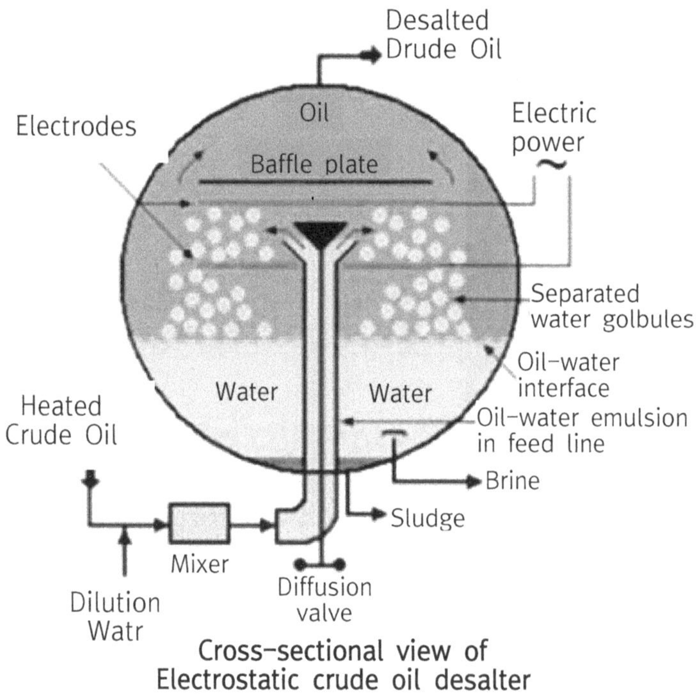


그림 3.16 Electrostatic dehydrator/desalter

### 3.3.4 압축(compression) 시스템

수분이 제거된 가스 중 일부는 유정의 압력을 유지하여 생산성을 높일 목적으로 유정으로 다시 주입되거나 해저 파이프라인을 통해 육상으로 이송하거나 연료용 가스로 사용하게 된다. 이러한 수분 제거 가스를 재활용하기 위해서 고압 압축을 해야 할 필요가 있다. 압축(compression) 시스템은 수분 제거 가스에 대한 고압 압축을 수행하게 되는데, 가스터빈이나 대형 모터로 구동되는데 FPSO 장비 중 최고가 장비이다.

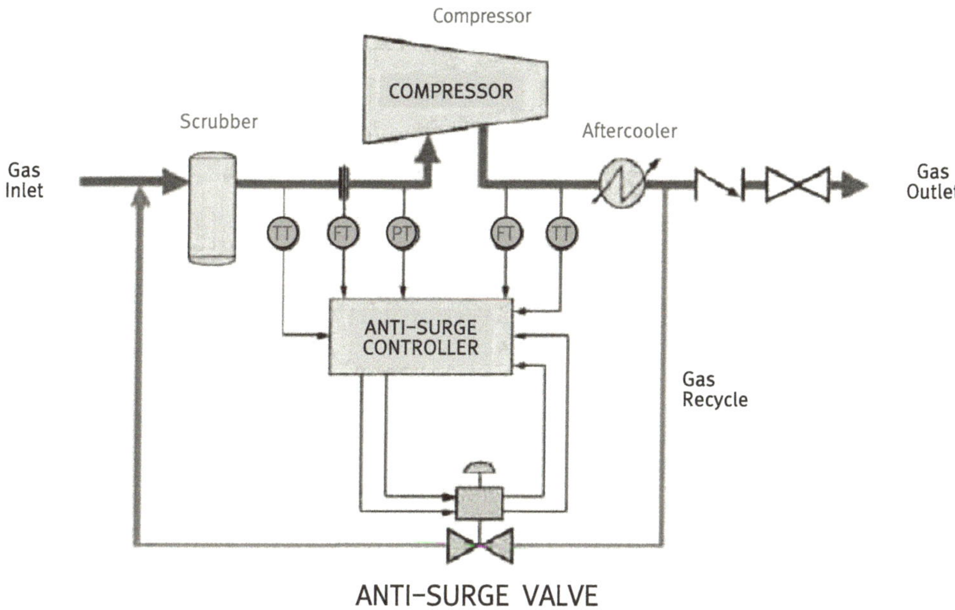


그림 3.17 compression B

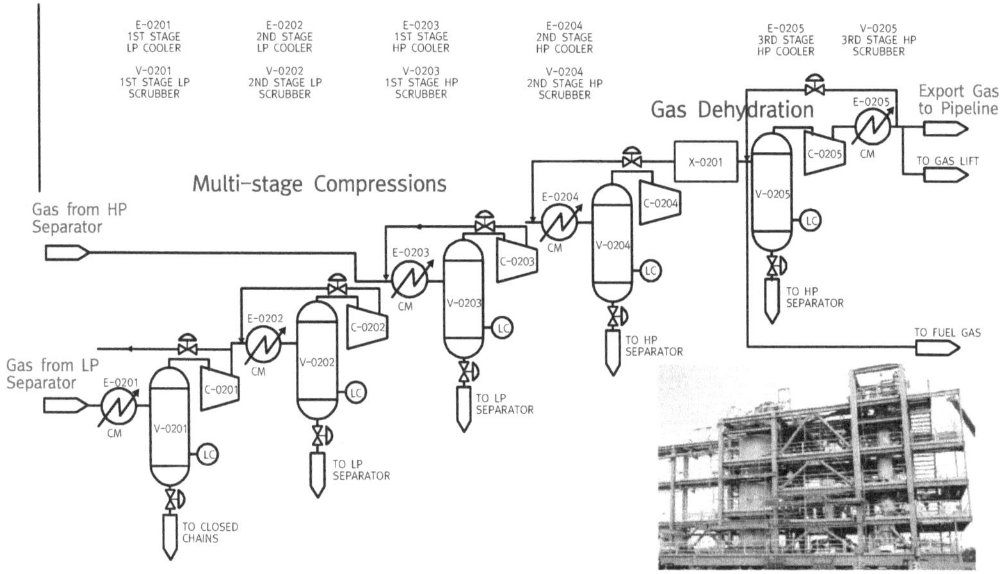


그림 3.18 compression A시스템과 수분제거시스템 연결상태

## 3.3.5 가스 수분 제거(gas dehydration) 시스템

분리기와 안정기에서 나온 가스 속에 포함된 수분은 저온에서 동결되어 고체화 되면 기계장치나 열교환기의 내부에 여러 가지 문제를 발생시킬 수 있기 때문에 반드시 제거되어야 한다. 이를 위하여 수분 제거 장치가 분리기와 안정기 뒤쪽에 설치되어 분리기와 안정기를 통과하여 나온 가스에 포함되어 있는 수분을 제거하게 된다.

## 3.3.6 증류(distillation) 시스템

원유는 메탄, 에탄, 프로판, 부탄과 같은 탄화수소로 구성되어 있는데 각 탄화수소 물질은 비등점 조건이 상이하기 때문에 압력에 따라서 상태가 변화한다. 채취된 원유의 효율적 이용을 위해서 필요한 성분만 분리 필요가 있는데 이를 위하여 일정한 기압에서 적절한 열을 원유에 가하여 원하는 탄화수소 물질만 분리하는 것이 증류시스템의 역할이다.

표 3.2 탄화수소물별 비등점

| 탄화 수소물 종류 | 비등점(° C) | |
|---|---|---|
| | 대기압 | 11atm |
| C1H4(메탄) | 161.6 | 122.1 |
| C2H6(에탄) | 88.7 | 29 |
| C3H10(프로판) | 42.2 | 30.7 |
| C4H12(부탄) | 0.4 | 83.8 |
| C5H14(펜탄) | 36.2 | 129.6 |

## 3.3.7 주수 시스템

석유 생산 과정 중 고압 물 주입하여 빈공간 채우는 작업으로 유정 압력 유지하기 위해서 필요한 작업이다. 밀도차를 이용하여 석유를 유정 윗부분으로 이동시키는 역할도 수행하게 된다. 주수 작업이 필요하게 된 것은 유정에서 석유 채굴 작업을 진행하게 되면 유정 내 석유량이 감소하게 되고 이에 따라 유정 압력이 감소하기 때문이다.

## 3.3.8 피그 주입기/회수기(pig launcher/receiver)

해저의 가스관 수평 부분에 가스유동에 지장을 초래할 수 있는 액체, 스케일(scale)과 파편(debris) 등이 배관의 수평 부위에 쌓이게 되기 때문에 주기적으로 가스관 등에 대한 청소가 필요하게 된다. 가스관 청소를 위해서 폴리프로필렌 재질의 구형 물질(피그)를 일정 압력 상태 하에서 대량으로 관을 따라 흐르게 한다. 이러한 관 내부 청소 작업을 피깅(pigging)이라고 한다.

그림 3.19 파이프 속 수화물

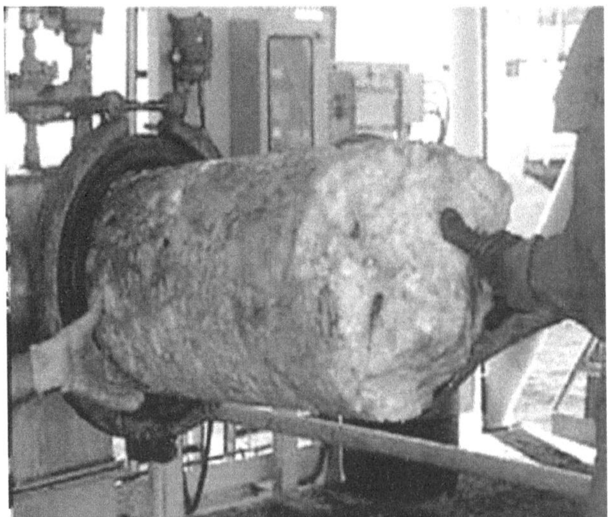

그림 3.20 Pigging 결과물

## 3.3.9 기타 Utility Systems

전술한 각종 생산 관련 장비이외에도 석유/가스 생산 작업을 위해서는 각종 장비들이 필요하다. 아래는 그러한 장비 중 대표적인 장비를 나열한 것이다. 기타 장비들은 기계공학 및 화학 공학 등 타 전공과 관련성이 높아서 이 책에서는 자세한 설명을 생략한다.

- Power Generation System
- Cooling Medium System
- Heat Medium System
- Fuel Gas System
- Flare & Vent System
- Diesel Fuel System
- Potable and Fresh Water System
- Inert Gas System
- Nitrogen System
- Fire Fighting Water System
- Chemical Injection System
- VOC Recovery System, etc.

## 3.4 Drill ship 장착 장비

Drill ship은 해상에서 시추 작업을 수행하기 위한 해양 플랜트다. 시추 작업은 지하굴착장비를 이용하여 석유 탐사 단계에서 예상한 석유 부존 가능 지역을 굴착함으로써 석유의 존재 여부 및 저류층의 규모를 확인하고 석유 생산을 위한 통로를 제공하는 작업을 의미한다. 시추 작업을 통해서 얻을 수 있는 작업성과는 다음과 같다.

- 석유 존재여부 확인
- 저류층 평가(특성, 규모)
- 석유 생산 통로 제공
- 증진 회수용 주입 통로 제공
- 폭발 유정의 진화 작업

시추 작업에 대한 자세한 내용은 다음 장에서 해양 장비 관련 이론에서 다루기로 한다.

Drill ship의 상부 시스템을 Dril ship 본연의 목적에 적합하도록 시추 작업을 위한 장비로 구성된다. 즉 상부시스템은 해저에 매장된 석유나 가스가 있는지를 확인하는 일(시추작업)을 하기 위해 시추 시설(Drilling system)이라고 정의할 수 있다. 시추 시설은 크게 다음과 같은 장비로 구성되어 있다.

- Derrick & hoisting system: 시추파이프, 라이저, 케이싱 등을 핸들링하기 위한 시추탑 및 기중시스템
- Rotating system: 회전운동을 시추파이프에 전달하는 메인 구동장치
- Pipe handling system: 시추파이프, 케이싱 파이프 등을 시추영역으로 운반해 주는 시스템
- Mud flow system: 원할한 시추 작업을 수행을 위하여 시추용 비트에 윤활작용을 제공하고 시추공을 안정시키며 탄화수소가 과정으로 유입되는 것을 방지하는 Mud(이수,泥水)을 주입하고 순환시키는 시스템

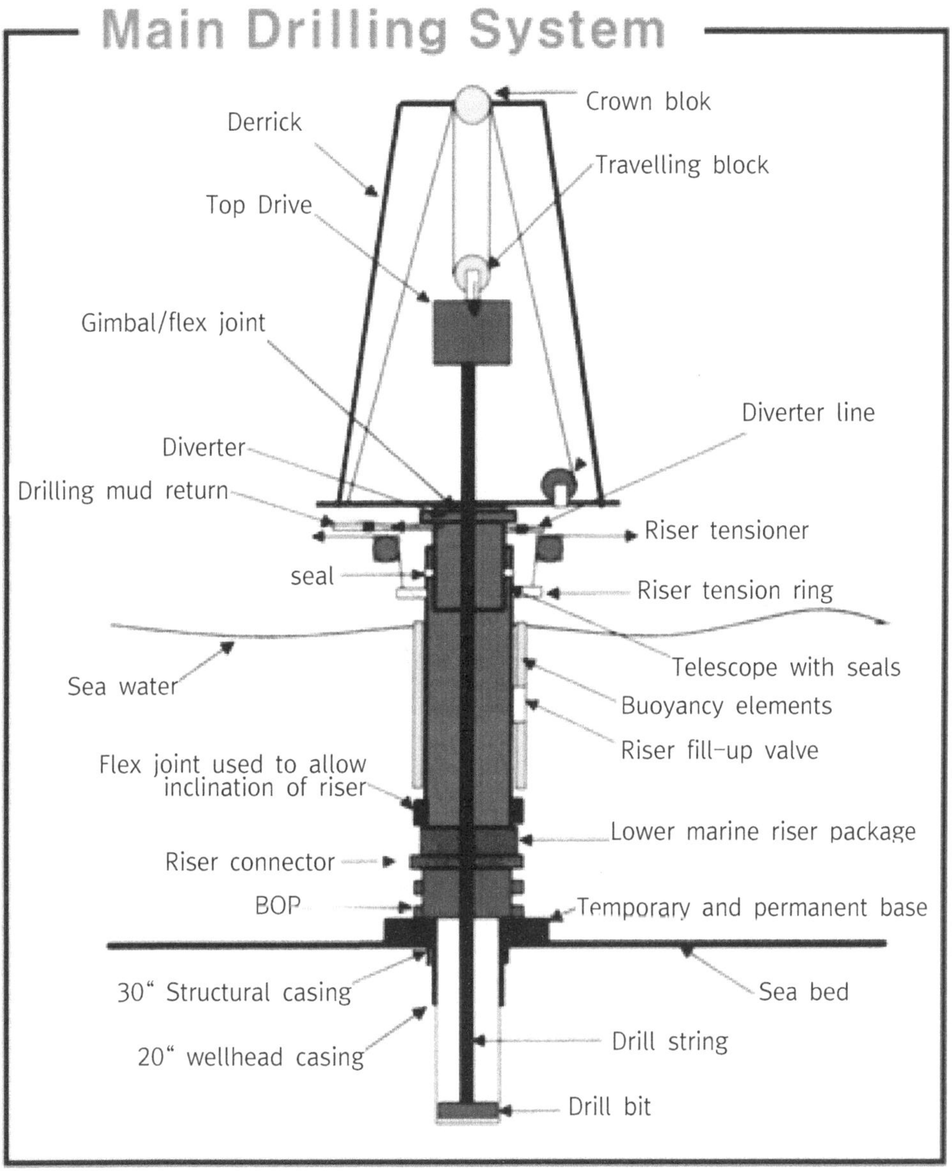


그림 3.21 Main Drilling System

그림 3.21은 일반적인 Drilling system 개요를 보여주고 있다.

Drilling systemdmf 구성하는 각종 장비에 대한 자세한 설명을 각 하부 장비(sub 시스템)별로 설명한다.

## 3.4.1 Derrick & Hoisting system

Derrick systme은 Drill Pipes, Risers, Casing, BOP 등과 subsea system을 설치하기 위하여 해저로 내려보내고 다루는 시추탑을 의미하며, Hoisting system은 요구되는 하중을 지지하는 역할을 수행한다.

Derrick & Hoisting system의 구성은 다음과 같다.

- Derrick
- Drawwork
- Crown Block
- Travelling Block
- Wire Rope

그림 3.22는 일반적인 Derrick & Hosting system을 보여주고 있다.

Derrick & Hoisting system 설계 할 때 반드시 고려해야 할 사항은 다음과 같이 정리할 수 있다.

- Drill Pipe를 세워놓을 수 있는 높이 필요
- Braking Function
- Hoisting 또는 Lowering Function
- Heave compensation Function

각 구성 장비를 간략하게 설명하면 그림 3.22과 같다.

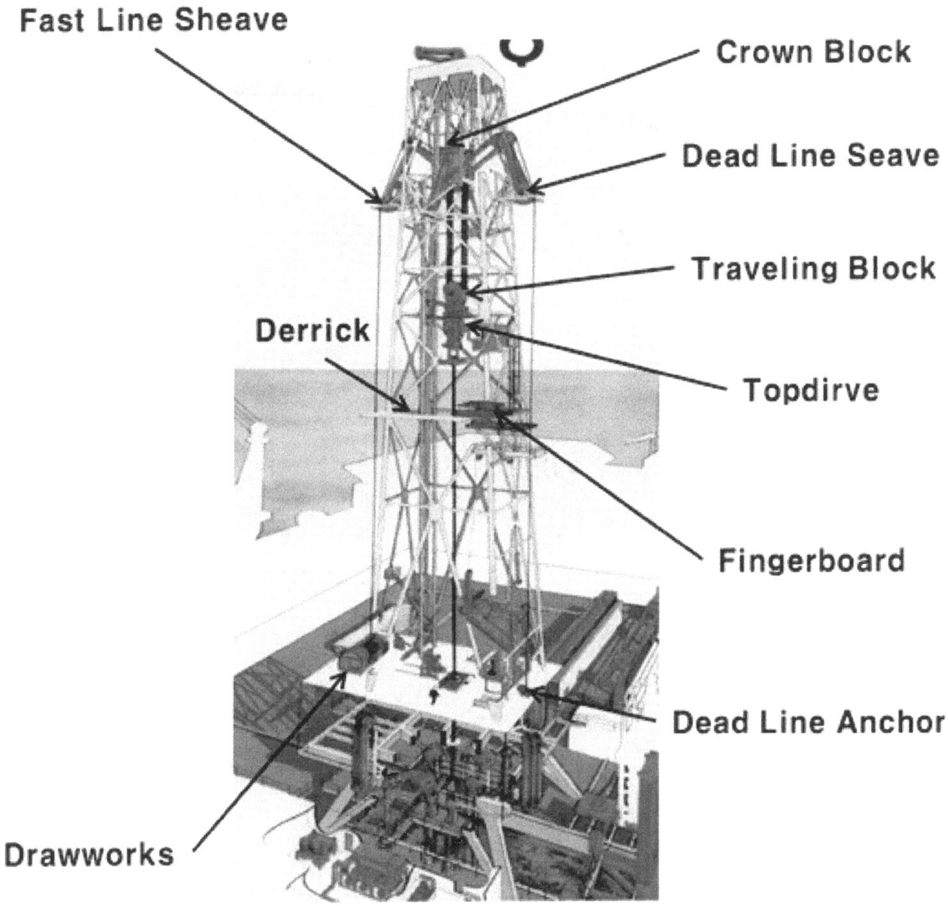


그림 3.22 Derrick & Hosting system

### 1) Drawwork

드릴 파이프 상하 이동을 위해서 사용되는 윈치 장치로 연결되는 장비는 크라운 블록, 이동 블록, 탑 드라이브, 상하 동요 보상기 및 드릴 파이프 등이다.

그림 3.23 Drawwork with Enclosure

### 2) Crown Block

Derrick 상부에 위치하여 Hoisting을 위한 Drilling line을 감기 위한 장비다.

그림 3.24 Crown Block

## 3) Traveling Block

Derrick을 상하로 이동시키고, 시추용 장비 Handling하는 장비다.

그림 3.25
Travely Black

## 4) Top drive

drill string을 돌리기 위한 장치로 Motor(Electric or Hydraulic)로 구동된다.

그림 3.26
Top drive

## 3.4.2 Rotary System

Rotary System은 시추를 위해 Drill Pipe를 회전시켜주는 장치로 정의된다. Rotary System은 Drill ship moon pool 시추공 중심부에 설치하게 된다. 굴착시 드릴 스트링 회전 및 드릴 스트링의 하중을 지지는 역할과 파이프를 연결 또는 해체할 수 있도록 켈리(Kelly)를 하강 또는 상승시키는 역할을 수행하게 된다.

Rotary System을 구성하고 있는 장비는 다음과 같다.

- Swivel
- Kelly Cock
- Kelly
- Rotary Table

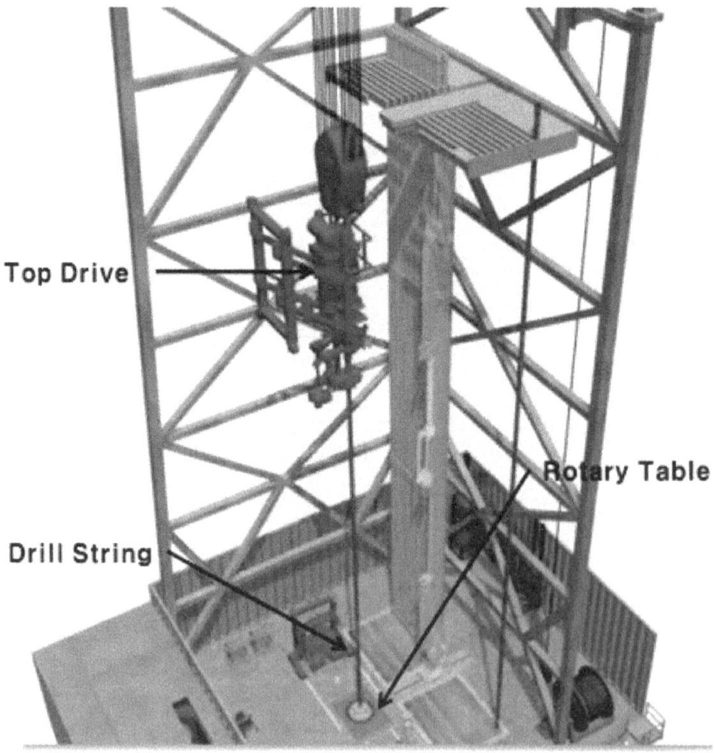


그림 3.27 Rotary System

### 1) Swivel

스위벨(Swivel) 역할은 드릴스트링 지지하고 드릴 파이프 내로 Mud을 주입하는 통로 역할을 수행하며 다음과 같이 구성된다.

몸체 : Kelly상부가 자유롭게 회전 몸체

Bail : 주위의 pivot가 traveling block의 hook에 단단히 연결

스위벨은 베어링 위의 구스넥(gooseneck) 호스를 통하여 Mud를 kelly를 거쳐 드릴 파이프 내로 주입하는데 이때 호스는 움직이지 않고 파이프만 회전하게 된다.

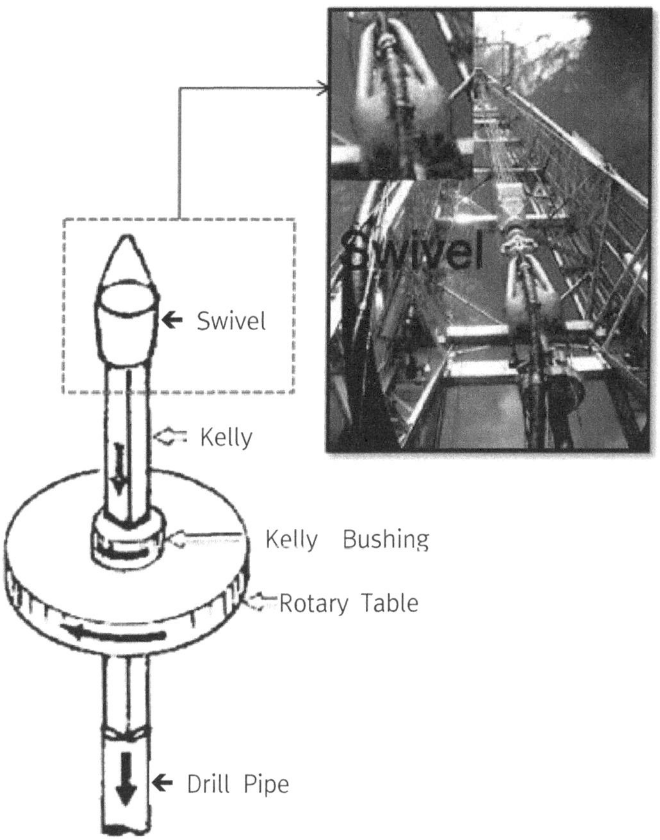


그림 3.28 Swivel 위치

## 2) Kelly

켈리(Kelly)의 역할은 로타리 테이블에 물려서 함께 회전하면서 회전 운동을 드릴 스트링에 전달하는 것이다. 이러한 역할을 수행하기 위하여 켈리는 안지름 3인치, 길이 40ft인 4각 또는 6각의 철판으로 구성된다.

켈리 상부에는 스위블이 연결되고 하부에는 드릴 파이프이 연결된다.

## 3) Kelly bushing

Kelly bushing는 켈리(kelly)가 통과할 수 있도록 중심부가 4각 또는각이고 로타리 테이블(rotary table)의 회전 중심부에 부착되는 부싱(bushing)이라고 할 수 있다. Kelly bushing을 사용하게 되면, 파이프 교체시 로타리 테이블 전체를 교환하지 않

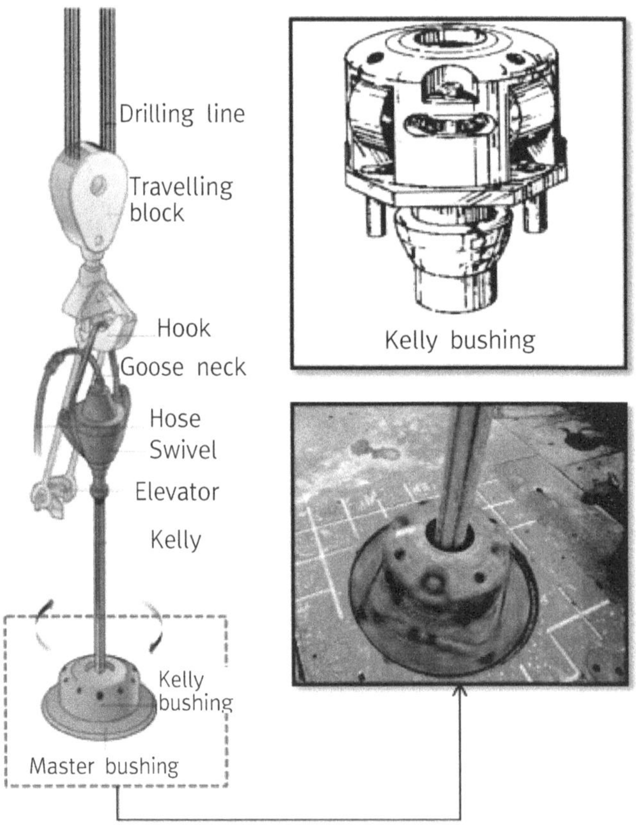


그림 3.29
Kelly &Pipe 연결 관계

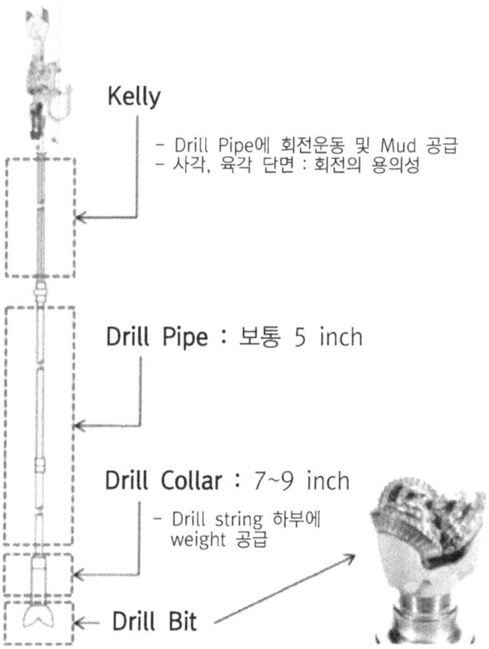


그림 3.30
Kelly와 Drill pipe 연결

고서도 사용는 kelly의 크기에 따라 부싱(bushing)만을 교환하여 사용하는 것이 가능해져서 작업 효율이 상승할 수 있다. 그림 3.29는 Kelly와 Kelly Brusing 연결 관계를 보여주고 있다.

Rotary System은 효율적 작업을 수행을 위해서는 현재는 여러 가지 형태로 전통적인 형태에서 다른 형태로 변화하고 있다. 대표적으로 탑 드라이브에 의해서 드릴 파이프가 회전하는 형태이거니, 전기모터가 내장된 스위벨이 드릴 파이프을 회전시키는 형태가 도입되어 사용되고 있다. 이러한 형태는 kelly와 rotary table이 불필요하기 때문에 시추 효율을 기대할 수 있다.

그림 3.30은 Kellly와 Drill pipe가 연결되어 있는 상태를 보여준다.

## 3.4.3 Pipe Handling System

시추 작업에서 필요로 하는 Drill pipes, Casing pipe 등을  drill ship 상간판에서 drilling 작업을 하기 위해 derrick area로 운반 해주는 system이 Pipe Handling System이다. Pipe Handling System은 구성 장비는 다음과 같다.

- Racking Unit
- Catwalker (Conveyer)
- Setback Area & Fingerboard

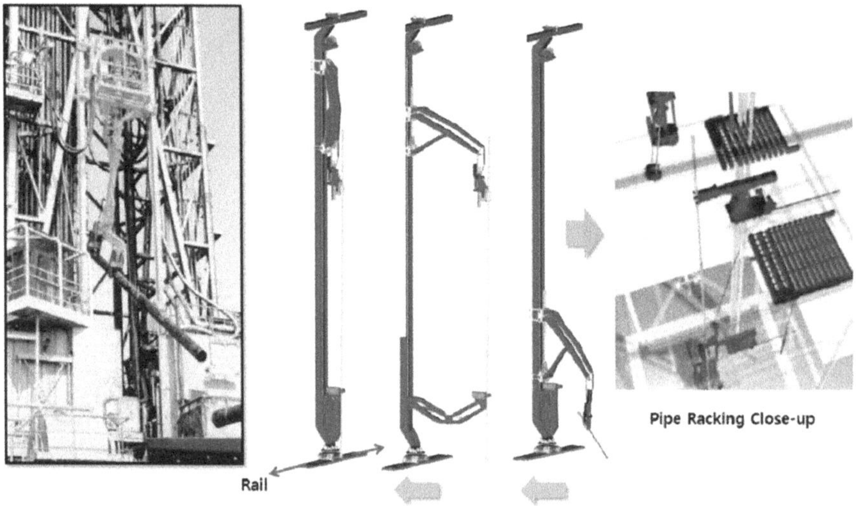


그림 3.31 Pipe Handling System 작업순서

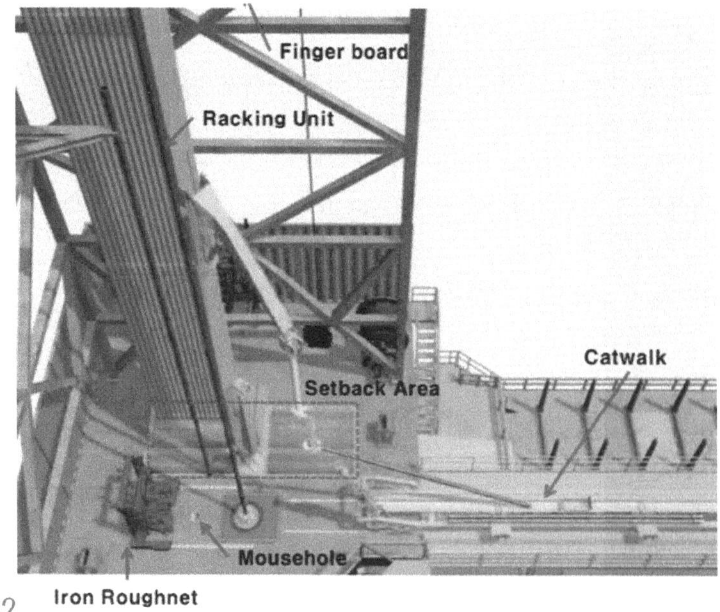


그림 3.32 Pipe blandy system 구성

## 1) Racking Unit

Racking Unit은 Drill Floor위에서 Drill Pipe의 이동, 조립, 보관 등에 필요한 Handling을 담당하는 장비이다. Racking Unit을 통하여 Arm을 이용한 수직방향 운동, Floor Track을 이용한 수평방향 이동이 가능해진다.

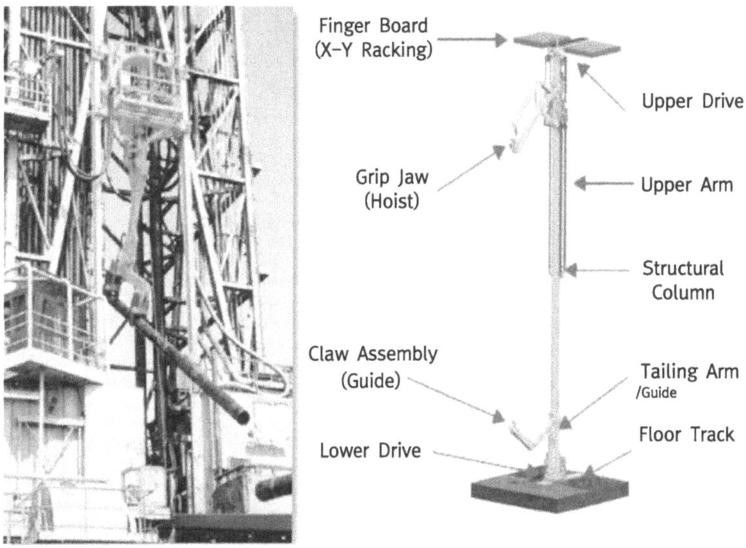


그림 3.33
Racky Unit 구성

## 2) Catwalker(Conveyer)

Drill Pipe를 Racking Unit으로 운반

그림 3.34
실제 Catwalker

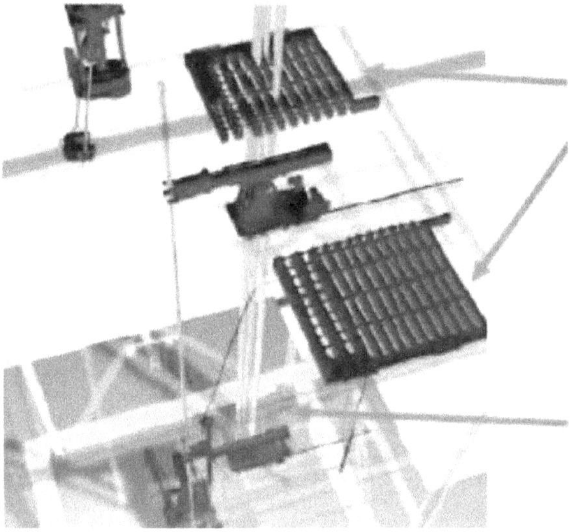

그림3.35
Setback Area &
Fingerboard 개념

### 3) Setback Area & Fingerboard

Setback Area는 Drill Pipe(Stand)를 올려두는 곳을 의미하여 Fingerboard Drill Pipe(Stand) 를 끼워두는 곳을 의미한다.

## 3.4.4 Mud System

Mud System은 고압의 머드(Mud)을 드릴 파이프에 주입하여 시추시 발생하는 Cutting 류의 운반, Formation Fluid 유입 방지, Wellbore의 wall 보호, Drill stem의 냉각과 윤활, Bottom hole cleaning 등을 위한 시스템으로 정의할 수 있다. Cutting은 시추 작업을 통하여 발생하는 시추한 분쇄물로 효율적 시출 작업을 위해서 반드시 제거해야 한다.

Mud System의 구성은 다음과 같다.

- Mud Pump: Mud를 공급하기 펌프
- Mud Pit: Mud를 공급하기 위해 저장하는 Tank
- Mud Treatment: 회수된 Mud 재생을 위한 장비

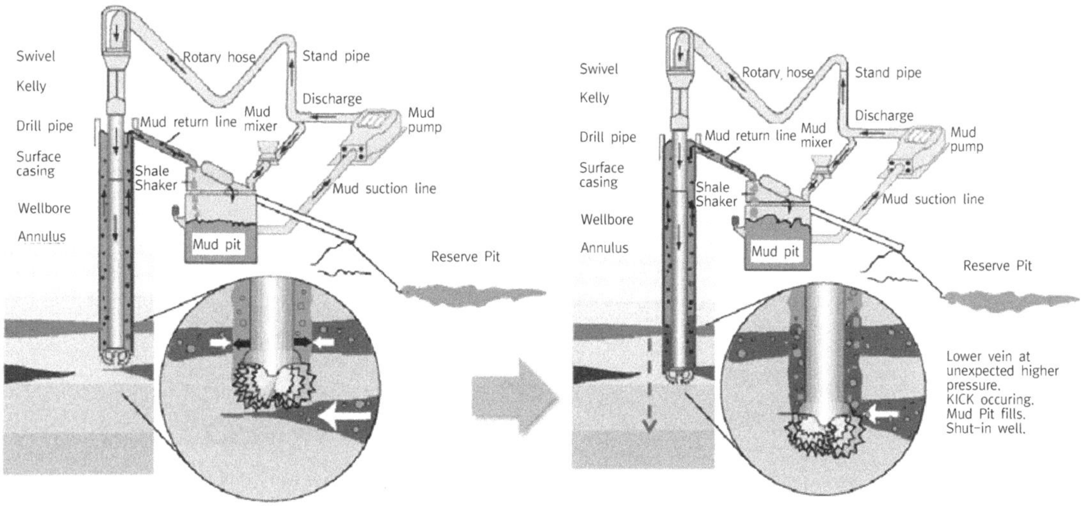


그림 3.36 Mud system 개념

〈 머드 유동 다이어그램 〉

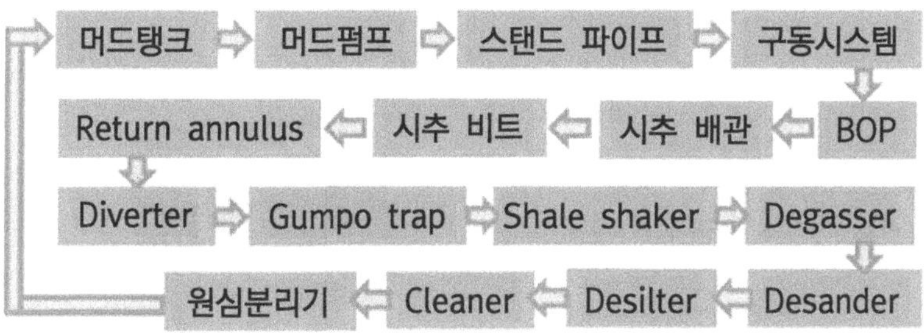


그림 3.37 Mud Circulation 순서

Mud Circulation의 목적은 다음과 같이 정의할 수 있다.

- Cleaning: 시추공 하부의 청소
- Cooling: Bit 날의 과열방지
- Flush: 시추 작업 중에 발생하는 암편(Cutting)을 이송
- Supporting: 시추공 내벽(wall)을 지지, 보호하여 무너지는 것을 방지
- Preventing: 시추공 내벽으로부터 지층수(Formation)의 유입을 막아 Well Kick 방지

### 1) Mud Pump

Mud Pump는 Mud cidulation을 위하여 Mud system 전체에 Mud를 공급하기 위한 장비이다.

그림 3.38 실제 Mud pump

### 2) Mud Pit

Mud systme에 공급하기 Mud를 저장하는 Tank로서 시추공에서 회수되는 Mud 저장하고 시추 작업을 통해서 가열된 Mud을 냉각시키는 역할을 수행한다.

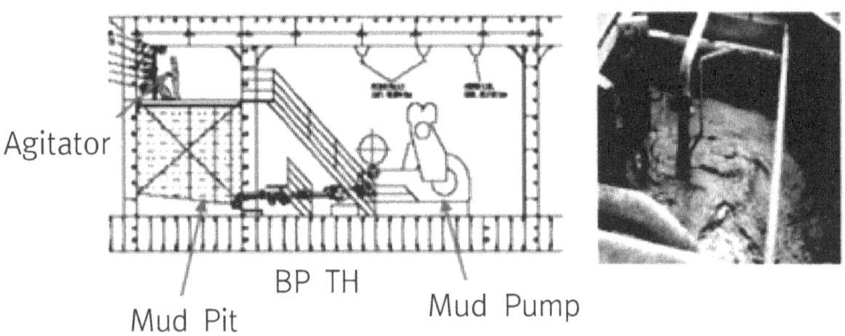


그림 3.39 Mud pit 개요

### 3) Mud Agitator

그림 3.40에서 볼 수 있듯이 Mud pit에서 Mud를 혼합시키기 위한 장치이다.

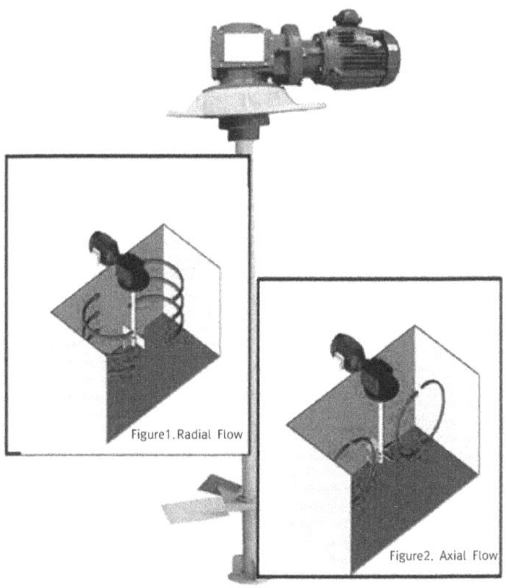


그림 3.40
Mud agitator

4) Diverter

시추공에서 회수되는 Mud flow를 전환시켜주는 장치로 Flow line, Overboard line, Fill up line으로 구성되어 있다.

5) Flow divider

Mud flow양에 따라 Flow Divider의 각 Outlet valve를 Control하여 적절하게 Shale shaker로 흘려보냄

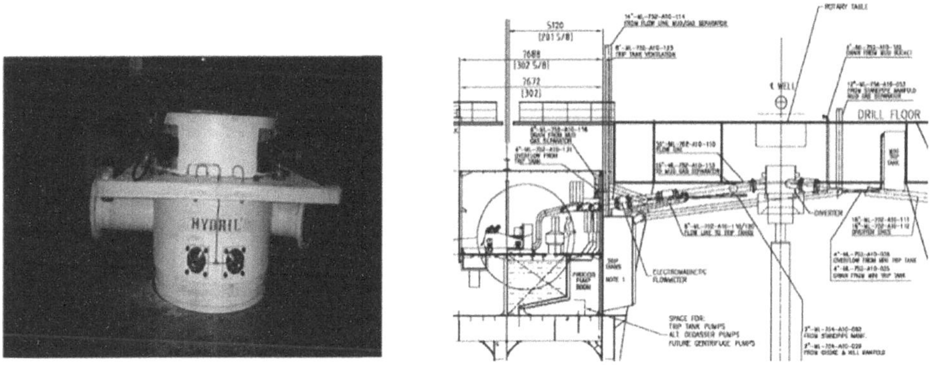


그림 3.41 Diverter

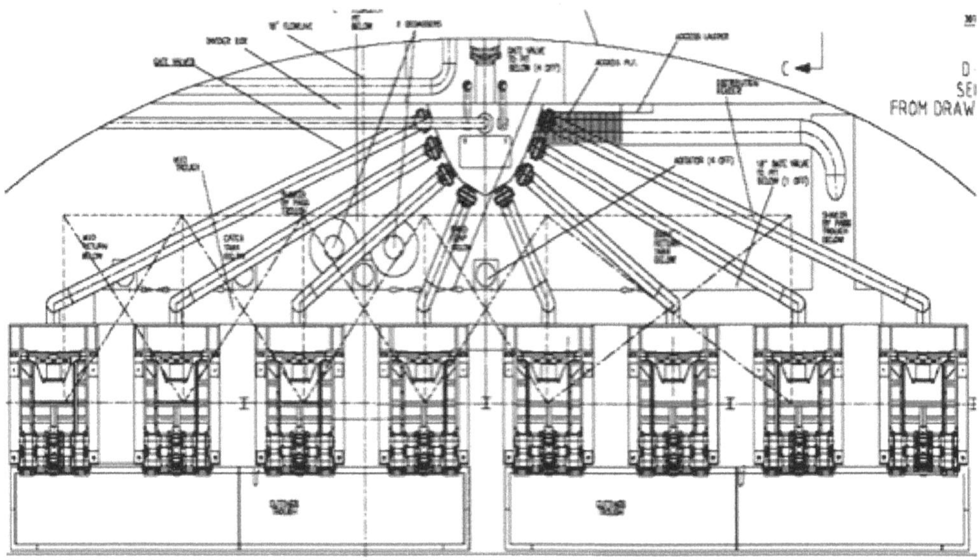

그림 3.42 Flow divider

## 6). Shale Shaker

Well에서 회수되어 오는 Cuttings을 진동하는 Screen에 통과시켜 암석을 걸러주는 장치이다.

그림 3.43 Shale shaker

## 7) Mud Gutter

Shale Shaker를 통과한 Mud가 흘러가는 도랑으로서 Shale Shaker를 통과한 Mud는 Sand Trap으로 흘러간다.

## 8) Degasser

Mud에 포함되어 있는 Gas을 제거하는 역할을 수행하며 제거된 가스는 Derrick Top에서 외부로 배출 되며, Gas가 제거된 Mud는 Degasser Pump의 순환 작용를 통해 Desander Tank로 흘러가게 된다.

## 9) Desander

Shale Shaker에서 큰 암석이 제거된 이후 Sand를 제거하는 장비이다.

## 10) Desilter

Mud system 마지막 장비로 미세 Sand을 제거하는 역할을 수행하여 Desilater를 통과한 Mud는 다시 시추공에 투입되어 사용되어진다.

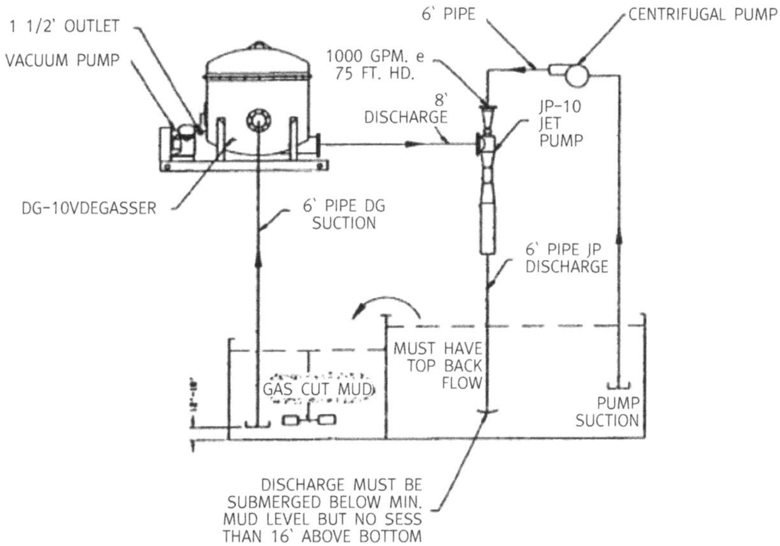


그림 3.11 Degasser 개요

그림 3.45 Desander

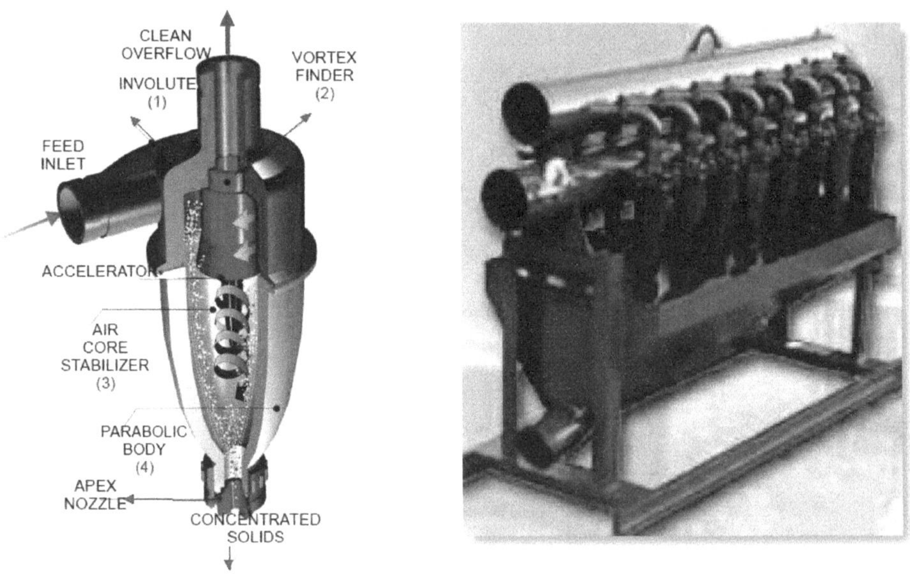


그림 3.46 Desilter

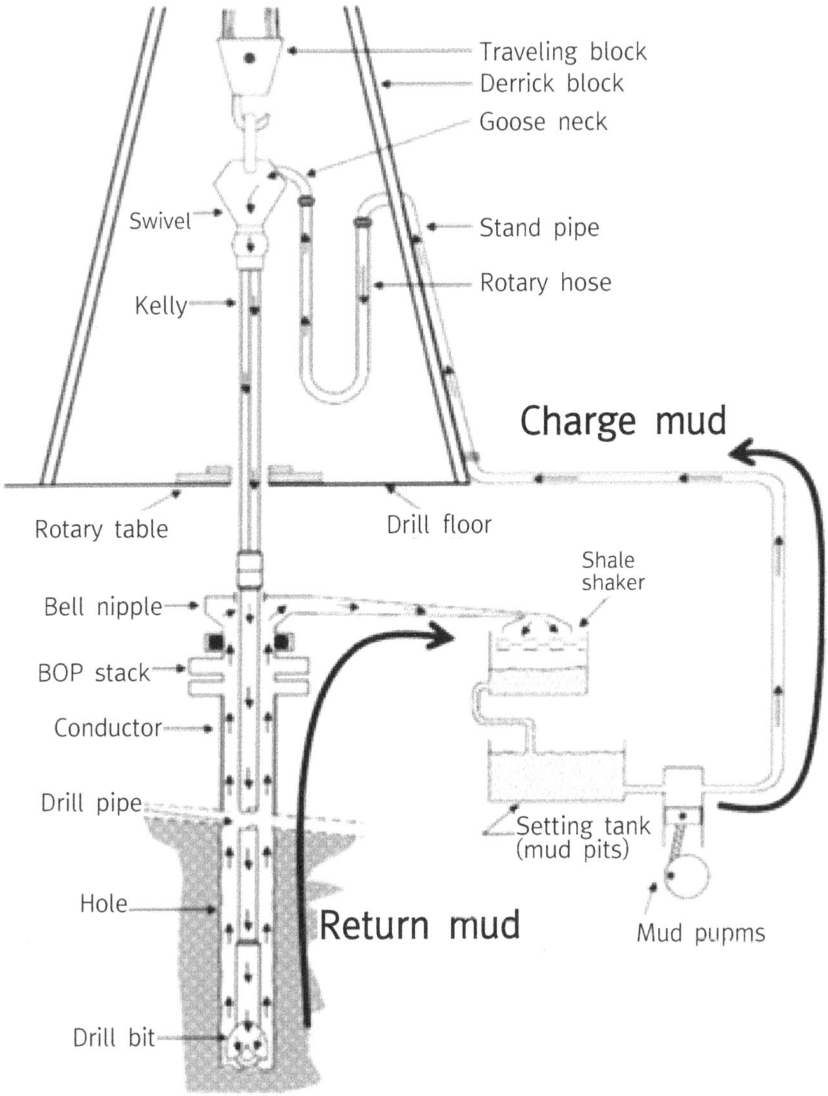


그림 3.47 Mud 시스템 전체에 대한 flow diagram

그림 3.47은 Mud 시스템 전체에 대한 flow diagram을 보여주고 있다.

## 3.4.5 Drilling pipe system

Drilling pipe system은 시추 작업에 필요한 각종 파이프 종류를 총괄하는 시스템이다.

### 1) Drill string

시추를 작업하는데 사용되는 구성품을 모두 포함하고 있는 파이프로 그림 3.48과 같이 모든 시추 장비를 포함하여 외각에서 보호하며 시추공을 지지하는 역할을 수행한다.

### 2) Drill Bit & Drill Collar

Drill bit는 drill string 끝에서 회전력으로 구멍을 뚫는 역할을 수행하며, Drill Collar는 Drill Bit와 Pipe사이에 있는 다소 무겁고 원형으로 된 커플링 형태로 Drill bit에 Weight를 제공하며 시추시 Strength, Buckling을 방지하기 위한 Tension 제공하는 역할을 수행한다.

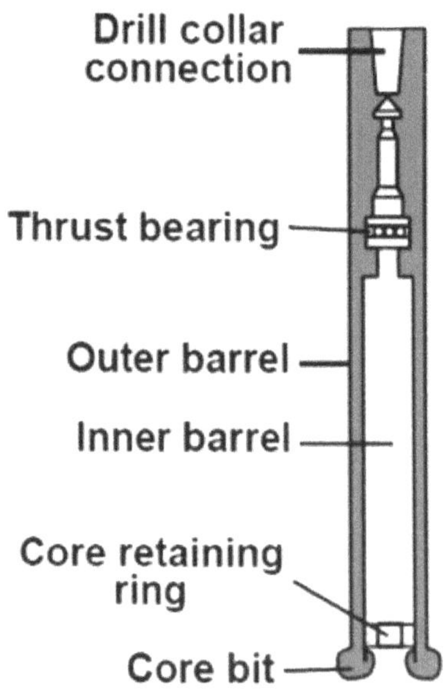


그림 3.48 Drill string

그림 3.49 Dril collar & Drill Bit

그림 3.50

그림 3.51

### 3) Drill Pipe

Drill pipe는 길이가 약 9m 지름은  3.5 또는 5인치인 철로 된 파이프인데, Rotary table 또는 Top drive에서 발생하는 회전 모멘트을 드릴 비트로 전달하여 시추 작업을 직접적으로 수행한다. 또한 파이프 내부를 통하여 원활한 시추 작업을 위해서 필요한 Mud을 드릴 비트에 공급하는 역할도 수행한다.

## 3.4.6 기타 장비

Vessel의 Motion(특히 Heaving)을 제어하기 위한 장치로 다른 말로 Heave에 의한 drill pipe의 움직임을 cylinder를 이용하여 보상하기 위한 장치다.

Heave Compensator와 Riser Tensioning System가 대표적인 장치다.

Vessel의 Motion(특히 Heaving)을 제어하기 위한 장치로 다른 말로 Heave에 의한 drill pipe의 움직임을 cylinder를 이용하여 보상하기 위한 장치다.

Heave Compensator와 Riser Tensioning System가 대표적이 장치다.

그림 3.52 Heave Compensator

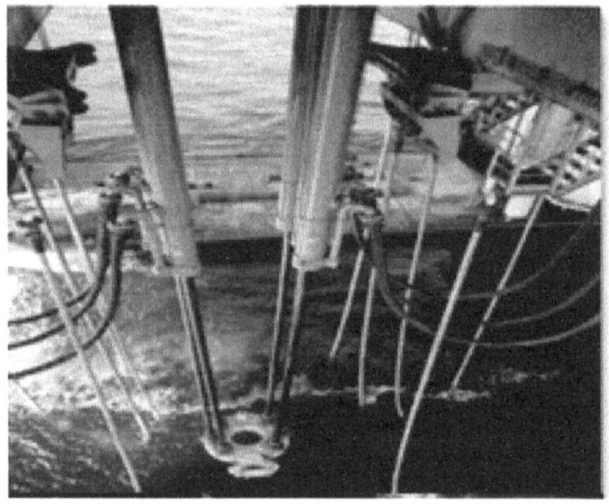

그림3.53 Riser Tensioning System

## 1) Heave Compensator

선박 상하 동요에 따른 드릴 파이프의 움직임을 보상하는 장치로서 Derrick 상부에 설치되어 상하 동요 발생시 드릴 파이프에 일정한 압력이 작용하여 선박의 상하 동요 운동을 보상한다.

## 2) Riser Tensioning System

파고에 의한 선체의 상.하 유동시에도 Riser를 안전하게 보호 할 수 있는 장비로 드릴플로어 하부에 설치하게 된다. 라이저에 적절한 장력을 전달하여 상하 동요에 따른 충격을 보상하는 원리로 작동한다. 압축기와 와이어 루프로 구성된다.

## 3.5 Subsea system

Subsea system은 해저에서 원유/가스를 생산하기 위하여 필요하여 해저에 설치되는 장비의 총칭으로 정의할 수 있다. Subsea system 시장은 유정의 회수율 및 생산량을 동시에 증진시킬 수 있는 해저 생산 플랜트를 이용한 IOR 시장의 등장으로 SWIT (Subsea Water Injection Terminal) 의 상용화 이래, SSS (Subsea Separation Station) 기술의 상용화와 Subsea Wet-Gas Compression 기술의 등장으로 Subsea IOR 시장은 지속적으로 성장한 것으로 예상되고 있다. 또한 Subsea Wet-Gas Compression 기술 적용으로 심해 및 극지 한계 가스전 개발을 가능하게 하는 Key Enabler가 될 것으로 전망되고 있다.

Subsea system에 적용되는 기술 분야는 다음과 같다.

Field design: 생산 방식, 위험도 분석 및 장비 배치 등 시스템 전반에 걸친 사양 정의하는 기술

Subsea production: 해저 생산 및 처리 장비(IOR)의 상세 설계하는 기술

URF: 해저 시설과 해상 시설을 연결하는 장비의 Life time 성능 보장을 위한 관로 및 케이블 설계하는 기술

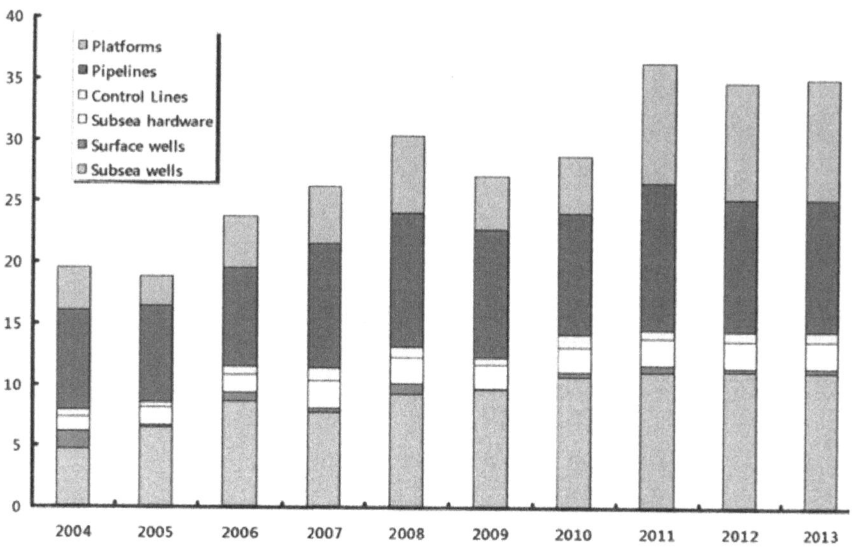


그림 3.54 Subsea system 분야별 시장 규모 및 성장 전망

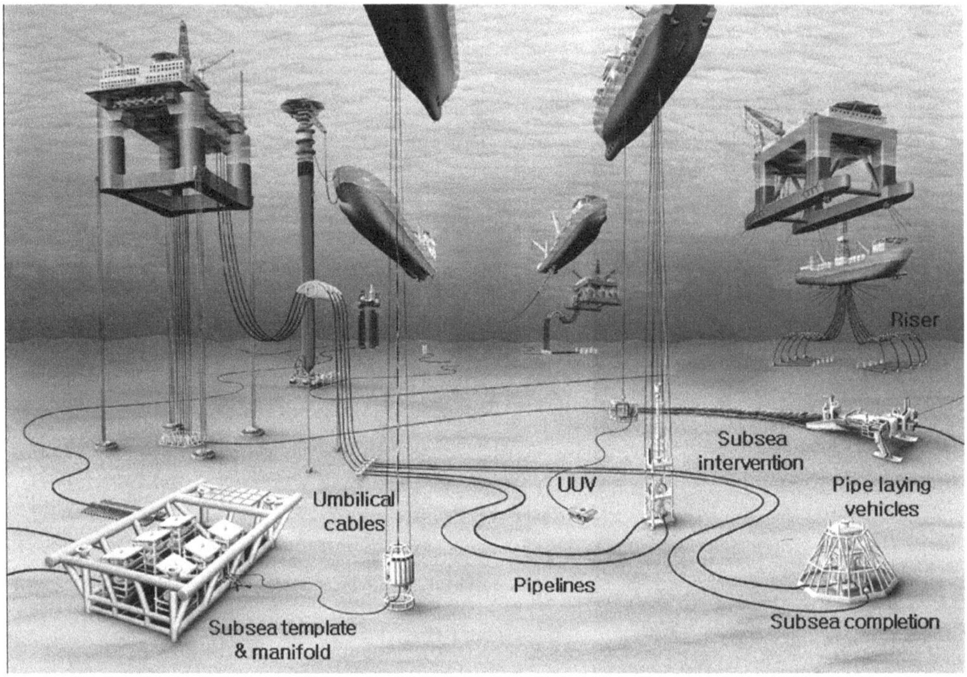


그림 3.55 일반적 subsea system 구성

요구되는 기술의 특징은 대수심 해저 자원 개발을 위한 해석 기술 및 관로, 공정 처리 장비 등의 설계/제작 기술, 극한지 자원 개발을 위한 플랫폼 설계 및 탐사/설치 기술 및 자원 탐사 및 장비 감시 기술 이라고 할 수 있다.

Subsea system 구성하고 있는 장비를 크게 분류하면 다음과 같이 정리할 수 있다. 산업계와 학계에서 공통적으로 사용할 수 있는 기준 분류 방법이 아직 정립되지 않았기 때문에 이 책에서는 독자의 이해를 높이기 위해서 수행하는 작업 또는 장비 역할에 의해서 분류하였다.

- URF(Umbilicals, Riser & Flowline)
- Pipe connection system
- Well control system
- Subsea procseeing system

## 3.5.1 URF(Umbilicals, Riser, Flow line)

URF는 subsea system에서 사용되는 파이프 및 케이블 종류를 통칭하여 부르는 명칭으로 석유/가스 생산 관련 해양 플랜트 시장의 30 % 이상을 차지하고 있는 분야이다. 각 장비에 대한 개략적 설명은 다음과같다.

### 1) Umbilicals

Subsea system에 신호, 전력 및 각종 화학물 chemical) 등을 보내주기 위한 케이블로서 보통 reel-lay를 사용하며 UTA (umbilical termination assembly)를 이용하여 결선한다.

### 2) Riser

해저에서 해양 플랜트로 올라가는 각종 파이프의 통칭으로 드릴쉽에서 적용되는 Riser는 BOP Stack에서 Drill Ship까지 연결된 Steel Pipe로 내부에 드릴파이프가 들어 있어야 하며, FPSO 등에 적용되는 Riser는 유정에서 채취한 석유/가스를 최종적으로 Subsea system 에서 해상 설비로 올려 보내주는 pipe을 의미한다. Riser 종류는 SCR, flexible riser, hybrid riser, IBP 등으로 구분할 수 있다.

### 3) Flow line

뒤에서 설명한 크리스마스 트리에서 처리설비까지 유정에서 채취한 생산물을 수송하는 관로로서 안정전 생산물 수송을 위하여 단열 설비를 기본적으로 갖추며 가열설비를 포함하기도 한다. 또한 전체 유정 개발 사업 비용에서 필요하는 공사비의 25% 이상을 차지하고 있다.

### 4) UTA (Umbilical terminaton assembly)

한 개의 umbilical을 이용하여 각 유정에 설치되어 있는 장비를 조정할 수 있도록 연결하여 주는 장비이다.

## 3.5.2 Pipe Connect System

### 1) Manifold

해저 유전을 구성하는 여러 개의 유정에서 채취한 원유를 취합하거나 생산 능력을 극대화할 수 있도록 각종 해저 생산 장비로 원유를 분배해주는 역할을 수해하는 구조물로 원유/가스등을 이동시키기 위하여 가압 설비를 포함하고 있다. Manifold의 규모는 광구의 크기와 유정 크기에 따라서 매우 다양하다.

### 2) PLET (Pipe Line End Termination)

잠수부 또는 수중 로봇을 활용한 작업 없이도 rigid 파이프와 다른 파이프 및 장비와 연결이 가능하게 해주는 장비이다.

(a) 설치위치

(b) 실제 Manifold

그림 3.56 Manifold

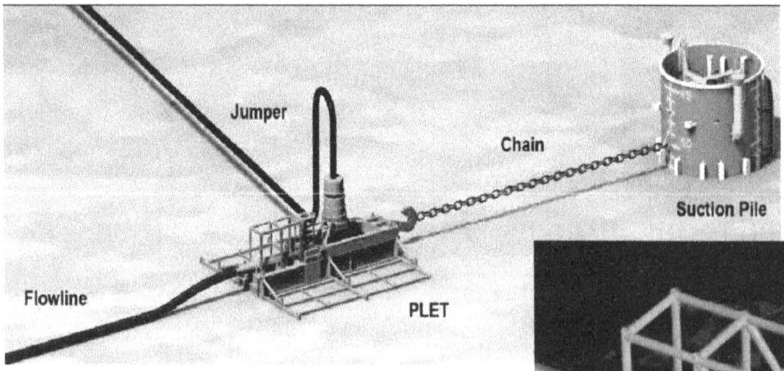


(a) 설치 위치

(b) 작동 원리

그림 3.57 DLET

### 3) Jumper

크리스마스 트리, manifold, PLEM, PLET와 같은 Subsea system 구성 장비 사이를 연결하기 위한 rigid & flexible 파이프로서 Flowline과 달리 장비 사이의 짧은 거리을 연결하기 위한 용도로 사용되고 있다.

그림 3.58실제 Jumper

그림 3.59 Jumper 적용 사례

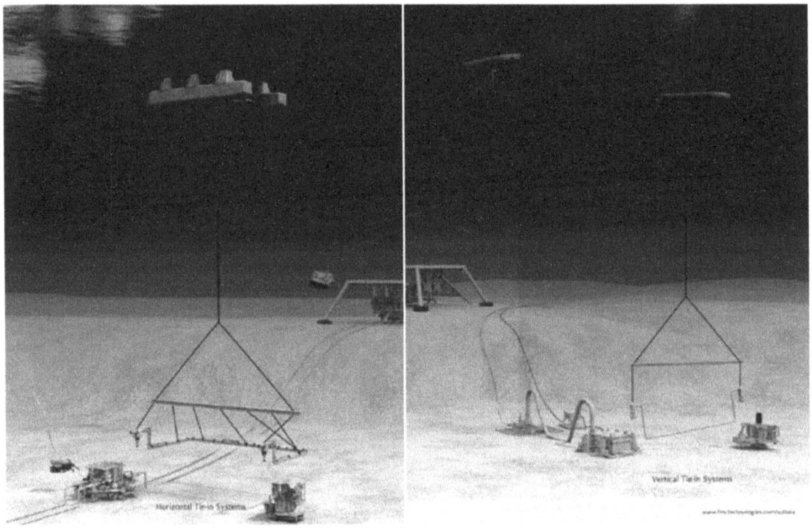

(a) 수평연결형 (b) 수직연결형

그림 3.60

## 4) PLEM(Pipe Line End Manifold)

2개 이상 incoming & outgoing 파이프를 별도 riser 설치 없이 연결하여 사용할 수 있도록 하는 장치로 riser의 효율적 운용이 가능해진다. 아래 그림은 PLEM을 설치한 경우와 설치하지 않는 경우에 대한 비교 그림을 보여 주고 있다.

그림 3.61 PLEM 적용비교

## 3.5.3 시추공 건설(Well construction)

지상 유전, 해저 유전 모두 대략 지하 2,000 ~ 3,000 미터 깊이까지 석유와 가스를 찾기 위한 시추 작업을 수행 하고 있다. 깊은 지하까지 시추하기 위해서는 깊이 및 지층별로 시추 작업을 수행하여야 하며, 지하에서 발생하는 압력 극복하기 위한 노력이 필요하다. 시추공 건설은 이처럼 깊은 지하까지 시추 작업을 수행하면서 안전한 시추 작업 진행을 위해서 단계별로 시추 작업을 하면서 중간 중간 압력에 대한 보강 구조를 건설하는 작업을 의미한다. Drill ship 본래 목적이 석유/가스를 찾기 위한 시추 작업 수행이기 때문에, 안전한 시추 작업을 위한 시추공 건설 장비는 drill ship에서 반드시 필요한 장비라고 할 수 있다. 다만 시추공 건설 장비는 토목공학과 밀접한 관련을 가지고 있는 장비이기에 이 책에서는 시추공 건설 작업에 대한 개략적인 소개만 한다. 개략적인 시추공 건설 작업 단계는 다음과같다.

1) 단계별 시추 중 Mud에 의해서 압력 극복
2) 단계별 중간 Hole 완성
3) Casing string 설치
4) 시멘트 구조물 건설

자세한 작업 순서는 다음과 같다.

### 1) Conductor 설치

- 사전 시추한 시추공(Pre-drilled hole)에 Conductor을 시멘트 고정하여 설치
- 설치 깊이: 240 m 까지

### 2) 2번째 시추공(hole) 설치

- 설치 깊이: 600 m 까지
- Drill String 제거 및 1st Intermediate Casing String 설치
- Casing string 설치 이후 drilling 작업 시작

### 3) 단계별 시추공(hole) 설치

- 900 ~ 1,800 미터 간격으로 casing 투입 (casing off) 및 drill bit 교체

시추공 건설에 사용되는 Casing string은 유정 (Well) 붕괴 또는 유정 내 출수 방지 목적으로 설치되는 보호관이다. Annulus(유정벽과 casing string 사이 틈 )에 cement을 투입하여 casing string 고정하게 되면 Joint(9 m 길이의 Pipe)를 서로 Screw로 연결하여 casing string 조립하여 시추공 길이 만큼 사전 조립된 상태로 유정에 투입되게 된다.

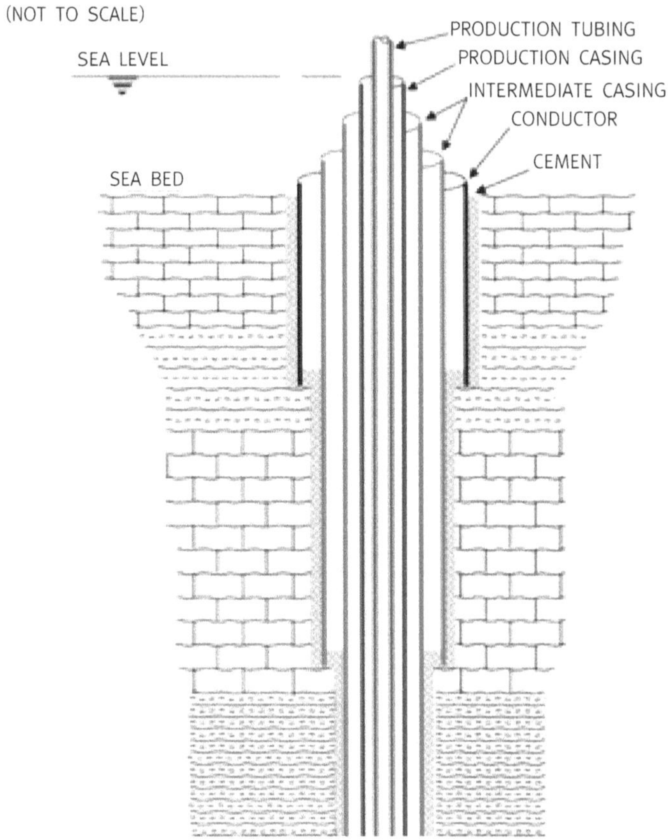


그림 3.62 시추공 건설 개요

## 3.5.4 Well Control System

안전한 시추 작업을 위해서 필수 장비로서 시추공에 대한 제어 불능 시 대책 결정을 위한 시간 확보을 위한 최후의 수단이다. 즉 대응책 마련을 위한 최소한 시간 확보를 위한 장비이다. 유정에서 발생할 수 있는 위험 상황은 크게 아래 두 가지로 정리할 수 있다.

- 분출(Blowout): 굴착중 고압의 지층수유(석유, 가스, 물)이 시추공 밖으로 나오는 현상
- 역압(kick): 시추공 내부의 압력이 낮을 때 시추공 안으로 물, 가스, 기름이나 기타액체가 유입되는 현상

Well Control System는 종류는 크게 아래 2가지가 많이 활용되고 있다.

- Diverter
- BOP

### 1) Diverter

Diverter는 원래 Mud system 장비 중 하나이나 정상 작업 시에는 Vent line 폐쇄 상태에서 시추공에서 회수된 Mud flow을 모았다가 Shale shaker로 전달하는 역할을 수행하고 비상 상황 발생 시에는 Packing Element 폐쇄 후 Vent line 열어서 유정에서 올라오는 액체를 공기 중으로 강제 배출한다.

시추 작업이 상당히 진행된 다음에 설치할 수 있는 BOP고 달리 시초 초기 부터 사용할 수 있어 BOP 보다 우선되어 사용되고 있다. 현재는 Drillship 이외에 해저에도 설치하고 있다.

### 2) BOP(Blow Out Preventer)

BOP은 큰 유압 밸브 장치(Large Hydraulic Valve Set)로서 Well 내부의 이상 압력으로부터 Drill Ship을 보호하기 위한 대표적 장치이다. 보통 분출을 저지하기 위하여 케이싱 바로 위에 장착된다. 일반적으로 안정성 확보를 위해서 여러 개의 BOP을 겹쳐서 사용하는 BOP Stack 형태로 시공하게 된다.

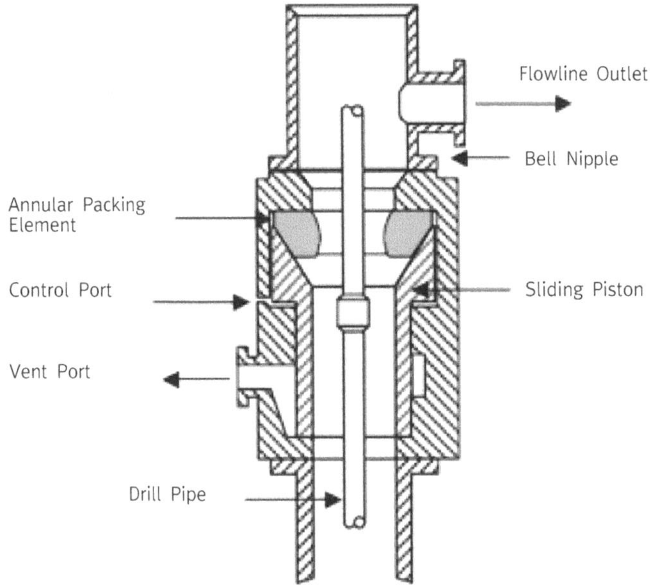


그림 3.63
Diverter 밸브

그림 3.64
BOP 설치 위치

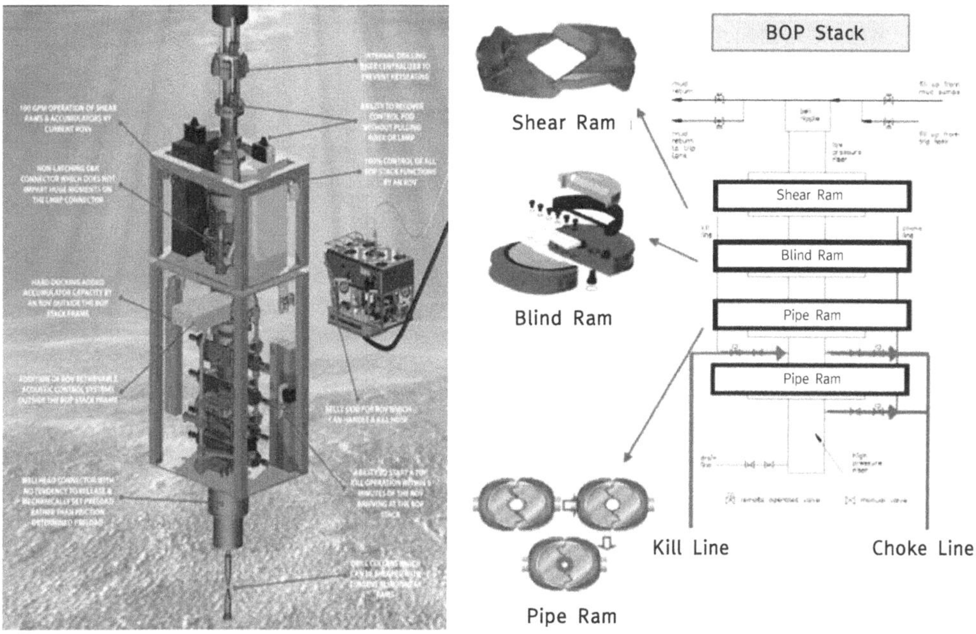


a) BOP stack　　　　　　　　　　b) 내부 구성

그림 3.65 BOP stack 외부 형상 및 내부 구성

BOP는 Shear Ram, Blind Ram, Pipe Ram, Choke & Kill manifold 으로 보통 구성되어 있다. BOP 각 구성품에 대한 설명은 다음과 같이 정리할 수 있다.

- Shear Ram

  정의: 드릴 파이프를 절단하여 시추공의 압력을 밀봉하는 부품

  역할: 시추공으로부터 드릴 파이프를 트립(trip)할 시간이 없을 때 시추공으로부터 멀리 떨어진 곳으로 리그를 이동시키는 빠른 수단을 제공하는 장치

- Blind Ram

  정의: Open Hole을 폐쇄하기 위한 부품

  역할: drill pipe와 상호간에 밀폐되어 그 아래 구역을 완전 폐쇄

- Pipe Ram

  역할: 드릴파이프 둘레와 꼭 맞게 생겨서 방폭장치가 작동될 때 Annulus를 폐쇄

- Choke & Kill manifold

  정의: 역압(kick) 및 분출(blowout)을 조절하기 위해 choke, kill 2개의 라인을 조정하기 위한 밸브들의 조합이다.

  - Choke라인: 고압의 머드를 회수하여 시추공의 압력을 낮추어 역압 발생을 방지
  - Kill 라인: 시추공 압력이 낮을때 고압의 Mud를 주입하여 압력을 높임

### 3) 크리스마스 트리

앞에서 설명한 BOP, Diverter는 시추 작업 중 유정에서 이상이 발생하였을 때 drill ship 등 시추 장비를 보호하기 위한 장비들이였다면, 크리스마스 트리는 굴착이 완료된 시추공의 상부에서 채굴되는 석유 또는 가스의 흐름을 조정하기 위한 밸브, 압력게이지 등 각종 장비들이 설치된 곳으로 시추공에 장착되며 저류층 생산물을 통제하는 일종의 수도꼭지 역할을 수행한다.

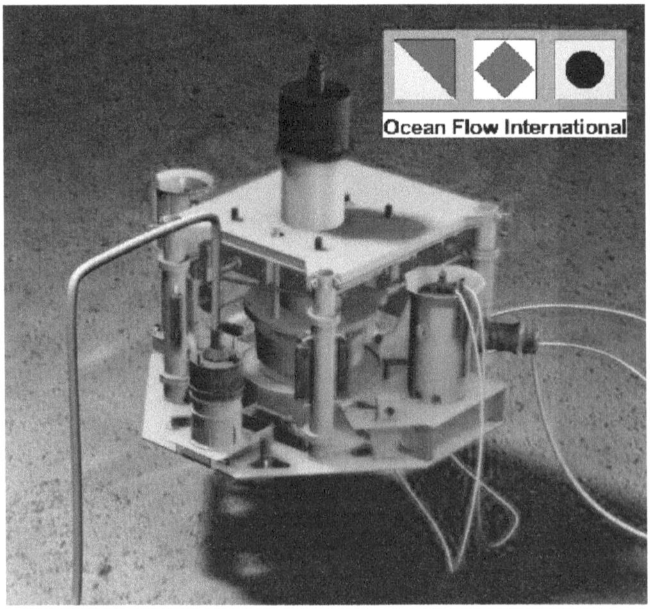


그림 3.66
크리마스 트리 예

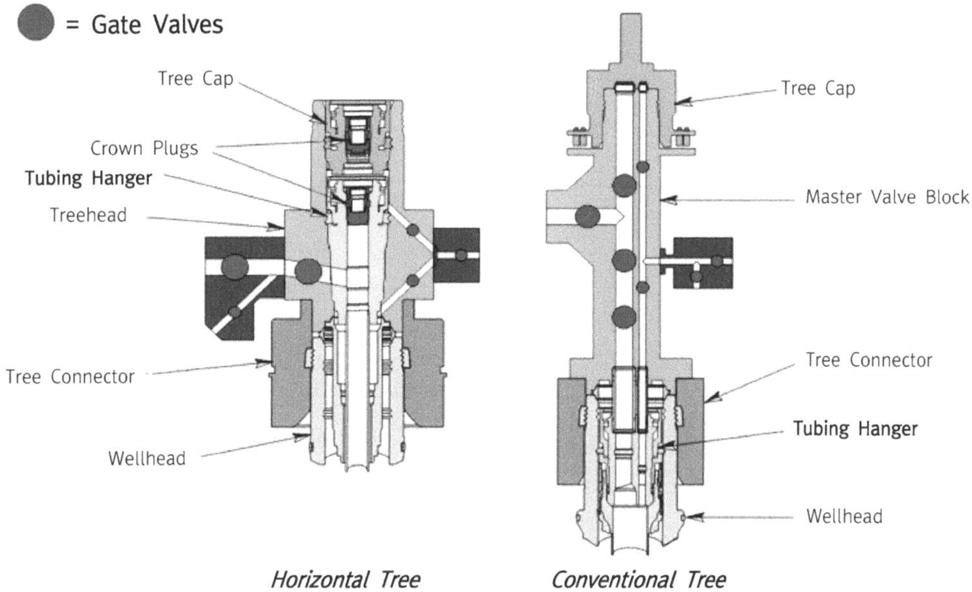


그림 3.67 수직형과 수평형 비교

표 3.3 수직형 XT와 수평형 XT 특징 비교

| Vertical Christmas Tree(VXT) | Horizontal Christmas Tree(HXT) |
|---|---|
| VXT 설치 이전에 생산 튜브와 tubing hanger 설치 | HXT는 생산 튜브와 tubing hanger 설치이전에 설치 |
| Tubing hanger은 유정상부에서 직접적으로 연결 | Tubing hanger은 크리스마스 트리 내에 연결 |
| 유정의 원유/가스는 tubing hanger을 통해서 수직방향으로 뽑아 올림 | 유정의 원유/가스는 tubing hanger 측면을 통해서 수평방향으로 이동 |
| VXT 해체하기 위해서 생산튜브를 해체할 필요가 없음 | 생산튜브 해체하기 위해서 HXT을 해체할 필요가 없음 |
| 주요 설치 장소: 가스전, 지속적 관리 필요성 낮은 간단한 보존 시추공, 4-5인치 시추공, 압력이 10 kpsi 이상 유공 | 주요 설치 장소: 유전, 지속적 관리 필요성 높은 복잡한 보존 시추공, 6-7인치 지름 시추공, 압력이 10 ksi 이하 유공 |

크리스마스 트리 종류는 크게 2가지로 나눌 수 있는데, 수직형 크리스마스 트리(Vertical christmass tree)와 수평형 크리스마스 트리(Horizantal christmass tree)로 구별 할 수 있다. 종류에 따른 기능 상 큰 차이는 없지만, 설치 예정 유전/가스전 특성에 맞춰서 설치하여 사용한다. 아래 그림은 수직형 크리스마스 트리와 수평형 크리스마스 트리 일반적인 형태를 보여주고 있다. 각 장비의 특징은 표에 정리되어 있다.

### 3.5.5 Subsea Processing system

이미 개발된 유전/가스전에서 생산량을 증진시키는 방법은 다음과같이 여러 가지 있다.

추가시추 : 생산정간 추가적인 시추를 통해 생산량 증진

수 공 법 : 생산정 인근의 수주입을 통한 석유 회수율 증대

화 공 법 : 주입유체의 화학적 성질을 이용한 석유 회수율 증대

인공채유법 : 공저펌프 등을 이용하여 생산량 증대

앞에서 이야기한 생산량 증대를 위한 해양 유전/가스전 개발 공정 중 전처리용 시스템 일부를 유정 근처 해저에 배치하여 생산 효율 및 회수율을 증대시키는 공정을 Subsea processing이라고 하고, Subsea processing system은 subsea processing 작업등을 수행하는 장비라 할 수 있다. Subsea processing system을 도입하게 되면, 유전 운용 업체 경우 High  Pressure Pipeline의 비중 감소를 통한 비용 감소 효과를 기대할 수 있으며 또한, Subsea 기술을 통한 Marginal field(생산 비용과 수익이 비슷한 광구)의 추가적 경제성 확보 및 Field의 회수율 및 생산 속도 증대에 따른 현금 유동성 개선을 기대할 수 있게 된다. 또한 EPIC 업체 경우 Marginal Field의 경제성이 증가함에 따라서 공사 기회 확대가 되어 사업 확대 기회가 되며, 기존 개발된 유정(Well)에 대한 신규 EOR 공사 기회 확대가 되면서 신기술 확보 업체공사 수주에 유리하게 되어 이익 증대를 기대할 수 있게 된다.

Subsea processing system 대표적 장비로 Subsea separation station을 들 수 있다. Subsea separation station이 수행하는 역할은 FPSO Topside에서 수행하였던 seperation 작업을 subsea에서 수행하는 것으로 유정에서 채취한 석유에서 기름 및 액체 분리하며 부가적으로 유정 내 압력을 일정하게 유지할 수 있게 가압하는 역할을 수행한다. Subsea seperation station의 효과를 정리하면 다음과 같다.

그림 3.68 Subsea serperation staion - FMC catalog

그림 3.69 Subsea Water Injection & Treatment

- 기체 액체 복합 유동 상태 고압력 flow line 설계 회피
- 분리 기체 유정 직접 재주입 → FPSO 공정 간소화

Subsea sepration station은 실제로 2006년 해저 유전에 설치되어 회수율을 6% 향상 시키는 효과를 가지고 왔다.

Subsea seperation station 이외에도 유정 주변 해수를 유정에 직접 주입하여 FPSO에서 주수 작업하는 것보다 보다 효율적으로 작업을 수행할 수 있는 Subsea Water Injection & Treatment와 1차적인 분리 작업만 수행하여 wet gas 상태로 만든 다음 flow line을 통해서 100 km 수송이 가능하도록 하는 Subsea Wet-gas Compression Station이 있다.

# 3.6 수중 로봇 시스템

전통적으로 해양플랜트 설치, 검사 및 유지 보수 작업에는 잠수부이 주로 작업을 수행하여 왔다. 수심 40 m 이상 200 m 이내 해역에서 잠수부가 작업을 하기 위해서는 잠수병 발생 방지를 위한 고압실과 수압에 견딜 수 있는 감압식 장비등이 필요하며, 1회 작업 시간 2시간 이내 감압 대기 시간 2 - 3일이 요구되고 있어, 많은 인원과 장비가 요구되며 긴 작업 시간이 필요하게 된다. 그러나 탐사 기술이 발달하고 국제 유가가 높은 가격을 유지하면서 현재 석유/가스 생산용 해양 플랜트가 설치는 해역은 대부분 수심 1500 m 이상 심해와 극지 해역으로 확대되고 있어 잠수부들이 작업하기 힘든 환경인 심해와 극지로 확대되고 있어 잠수부 대신 수중 로봇을 이용하여 설치 및 유지 보수 작업을 수행하는 경우가 증가하고 있다. 수중 로봇을 사용하게 되면, 잠수부의 작업 시간과는 비교할 수 없이 긴 작업 시간으로 공기의 단축을 가지고 오는 것이 가능해지는 등 많은 이점을 가지고 있다.

해양플랜트 사업 분야에서 주로 활용 되고 있는 수중 로봇은 조종자에 의해서 원격 조정되는 유삭 원격 조종 무인 잠수정(ROV: Remote Operate Vehicle, 이하 ROV)과 외부의 제어 없이 운용되는 자율 무인 잠수정(AUV: Autonomous Underwater Vehicle, 이하 AUV)로 구분될 수 있다. ROV는 운용 모선의 조종자에 의해서 운용이 가능한 다축 로봇팔 (manipulator)을 장치하고 있어 용접, 케이블 연결 및 해제 등과 같은 해양플랜트에서 필요한 각종 설치 및 가설 작업이 가능하며 AUV는 초기 설정 이후 운용자 없이 자율 운용이 가능하여 넓은 영역에 대한 긴 시간 동안 자동화된 임무를 수행할 수 있다.

본 장에서는 현재 해양 플랜트 산업에서 해저 작업을 위해서 가장 많이 사용되고 있는 작업용 장비인 Remote(ROV 와 AUV)에 대한 역사, 종류 및 활용 분야에 대해서 설명한다.

## 3.6.1 ROV

### 1)역사

ROV는 Dimitri Rebikoff에 의해 1947년 개발된 수중 촬영을 위한 electronic fish와 1952년 개발된 최초의 underwater scooter인 Torpille을 기반으로 하여

1953년에 Dimitri Rebikoff에 의해 POODLE이 처음으로 개발되어졌다. Dimitri Rebikoff는 POODLE를 기본으로 하여 1953년 수중 잠수부의 작업을 도와 줄 Gyro 장치를 장착한 Pegasus 개발하였다. 그 이후 ROV에 관한 계속적인 연구가 진행되어 왔다. 기술적으로 그다지 성숙하지 못했던 1970년대 초까지는 주로 미사일 탄두 회수나 기뢰 제거, 설치와 같은 군사적인 목적으로 개발된 것이 대부분이었으나 오일 쇼크 이후 해양 자원에 대한 관심이 증폭되고 본격적으로 해양 유전 개발이 이루어짐에 따라 많은 상업적 목적의 ROV가 제작되어 여러 분야에 응용되고 있다.

대표적인 ROV모델들을 간략하게 소개하면, 우선 미 해군에서 제작된 CURV (Cable-controlled Undersea Research Vehicle, 그림 3.71, 3.72,를 들 수 있다. CURV는 스페인의 팔로메어 (Palomares) 해변에서 잃어버린 핵 탄두를 찾기 위한 작업이 한창일 때 투입되어 성공적으로 임무를 수행하였는데 이러한 성공을 기반으로 더 진보된 ROV에 대한 투자가 이어져서 SNOOPY와 같은 여러 가지 목적의 ROV가 개발되고 또 CURV자체도 계속적으로 성능개선이 이루어졌다.

1970년대 중반 이후에는 앞에서 지적한 바와 같이 해양 자원 개발이 대한 관심이 고조되어 진보된 형태의 ROV 개발에 대한 투자가 급격히 증가하였다. 단적인 예로 1953년부터 1974년까지의 전체 투자액의 85%가 정부 기관에 의한 것이었음에 반해 1974년 이후 8년 동안의 투자액의 96%는 민간에 의한 것이었다. 이러한 유전 개발과 같은 상업적 목적으로 이 시기에 제작된 대표적인 ROV가 RCV 225이다. 최초의 상업적 모델인 이 모델은 수중 다이버들의 작업을 돕기 위해 제작되었으며 기존의 ROV들보다 크기가 작아지고 신뢰성이 증가되었다.

이외에도 Perry 사의 RECON, SCORPIO와 AMETEK의 Deep Drone과 같은 많은 ROV모델들이 이 시기에 만들어졌다.

1980년대에 들어 ROV를 생산하는 업체들이 급격하게 증가하여서 보다 낮은 가격에 높은 작업 능력을 갖는 ROV들이 시장에 공급되었으며 낮은 생산단가로 인해 미 해군마저도 자체적으로 ROV를 생산하는 것을 그만 두고 일반 산업계로부터 보다 낮은 가격에 ROV를 공급 받게 되었다. 1970년도에 단 하나뿐이었던 ROV 제작 업체가 오늘날에는 100개 이상으로 늘어났으며 ROV, AUV와 Towed 시스템 등의 다양한 시스템이 공급되고 있다.

그림 3.74는 1997년에 생산된 수중 장비들의 종류별 생산 비율을 나타내고 있다. 앞서 살펴 본 바와 같이 군사용으로 처음으로 개발된 ROV의 전통을 입어 약 25% 정도가 아직도 군사용 ROV로 구성되어 있으며 33% 이상이 수중 작업을 위해 작업

부가 투입되기 어려운 상황에서 검사 업무를 수행할 필요가 있을 때 사용되어지는 것으로 나타나 있다.

그림 3.70
US Navy's CURV Concept.

그림 3.71
US Navy's CURV

그림 3.72
AMETEK - Deep Drone

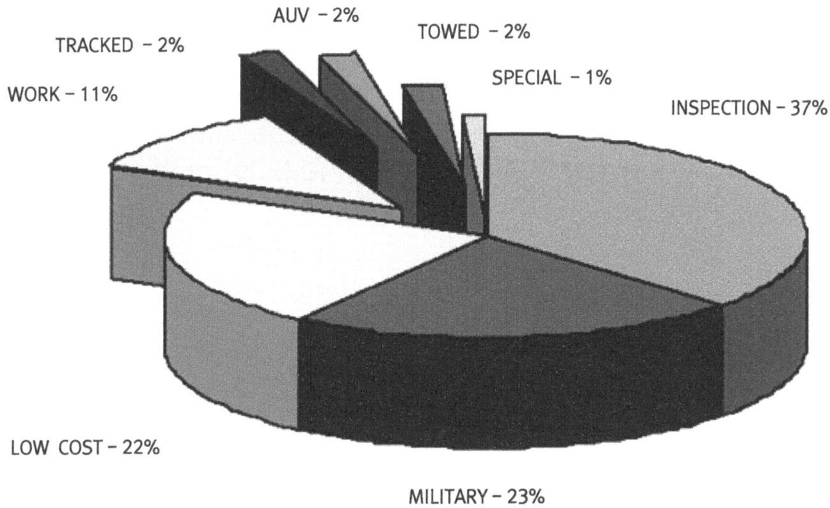


SOURCE: *FACING THE DEEPWATER CHALLENGE* BY DAVE LIDDLE
INTERNATIONAL OCEAN SYSTEMS DESIGN, NOV/DEC 1997

그림 3.73 VEHICLEPERCENTAGE BY CATEGORY

## 2) 종류

오늘날 제작되고 있는 ROV들은 과거 15-20년 전의 것들과 매우 다른 모습을 띄고 있는데 이것은 그 작업 깊이의 증가에 따른 성능 향상 요구 조건과 더불어 robotics, fiber optics, acoustics, video 와 computer 기술의 발전에 기인한다. 오늘 날 많은 심해 작업들은 다음과 같은 조건을 요구한다.

- 보다 유연한 조종 시스템 및 유압 시스템
- 높은 신뢰성을 갖는 소재와 부품
- 향상된 카메라와 레이저 imaging 기술
- 다기능 매니퓰레이터와 매니퓰레이터 조종 시스템
- 발전된 설계 기술

석유와 가스 생산 업계에서 최근에 주목할 만한 이슈는 해양 개발 수심이 깊어짐에 따라 생신 플랜트 또한 고정식 플랫폼에서 tension leg 플랫폼이나 floating production 시스템으로 변화하고 있는 점이다. 이와 동시에 깊은 수심에서의 작업에 대한 요구 또한 함께 증가하고 있다. 이러한 경향에 따라 최근의 ROV는 보다 깊은 수심에서 작업 할 수 있도록 개발되고 있으며 이것은 다른 첨단 과학 기술 분야의 진보에서도 큰 영향을 받고 있다. ROV 제작자들은 현재 modular-base된 제품을 제공하고 있으며 이것은 다양한 작업 도구들을 사용할 수 있게 한다. 또한 DNV, NVE, AODC, ABS와 같은 안전에 관련된 규약들을 준수하도록 제품을 디자인하고 있다. ROV는 작업 기능별 또는 작업 능력별 등 다양하게 분류가 가능하나 대체적으로 ROV는 크기에 의해 ROV에 실릴 수 있는 화물의 양이 결정되고 또한 이러한 화물에 의해서 수행 가능한 임무가 결정된다. 이에 따라 최근에 활발히 생산되고 있는 제품들을 크기와 무게별로 분류해보면 다음과 같다.

### (1) Micro class ROV

Micro class ROV는 매우 작고 가벼운 ROV이다. 보통 3 kg 이내 ROV를 이야기하며, 일반적으로 잠수사를 대신하여 절단 등과 같은 간단한 작업을 수행하는 역할를 수행한다.

### (2) Mini class ROV

Mini class ROV는 일반적으로 15 kg 내외의 무게를 가지고 있으며 한 사람에 의해서 매우 작은 소형 선박에 운영될 수 있을 정도다.

### (3) Light Work class

Light Work class ROV는 일반적으로 50마력의 추진기 시스템을 갖추고 500 kg 이하 무게를 가지고 있는 ROV을 이야기 한다. 이 클래스 ROV는 보통 수심 2000 m 까지 작업할 수 있다.

### (4) Heavy Work class

Heavy Work class ROV는 보통 2개의 매뉴플레이터를 가지고 있으며, 220마력 이하 추진기 시스템을 갖추고 있으며 3,500 m 수심까지 작업이 가능하다.

이상에서는 대표적인 ROV 종류를 살펴 보았으며, 보다 자세한 종류는 아래 표에서 다양한 ROV class에 대한 정리하여 보여 주고 있다.

표 3.4 ROV 종류

| Class | Description | Weight Range |
|---|---|---|
| observation - low cost | Small vehicle with minimum viewing system | 〈50 kg |
| observation - inspection | Small vehicle with high-quality video and lights | 50 - 100 kg |
| Light work | Cameras, instrumentation, simple scanning sonar, small manipulator | 100 - 500 kg |
| Medium and heavy work | Used for heavy-duty work application in offshore industry | 500 - 5000 kg |
| CMROV | Vehicles used to locate, unbury and bury telecommunciation cale. Water jet system. Trenching and gripping tools | 3000 - 16,000 kg |

## 3) 활용 용도

ROV는 산업 현장에서 해양 유전과 해양 가스 산업에서 주로 많이 사용되고 있다. 그러나 내해에서 산업용으로 사용되는 경우 과학 탐사 활동에 활용되는 경우도 많이 늘어 나고 있다. 이번 장에서는 ROV가 실제 산업 현장 및 과학 탐사 활동에 활용되는 분야에 대해서 살펴 보기로 한다.

### (1) Platform Inspection

해양 오염에 대한 관심이 대두됨에 따라 국제 규약은 해양 개발 플랫폼에 대한 정기적인 검사를 요구하고 있다. 이러한 검사는 구조물의 안정성에 대한 검사와 함께 플랫폼의 부식 정도, 용접 부위의 안정성에 대한 비파괴검사 등을 포함한다. 이러한 검사에 ROV가 효과적으로 활용되고 있다.

### (2) Pipeline Inspection

해저에 매설된 파이프라인에 대한 검사는 ROV가 해양구조물 검사에 이용되기 전부터 수행되어 왔다. 파이프라인의 균열이나 매설 상태에 대한 검사 등에 ROV가 투입되어 이용되었는데 이를 위해 ROV에는 다양한 형태, 목적을 갖는 센서와 위치 유지 장치들이 사용되고 있다.

### (3) Surveys

파이프라인에 대한 검사에서 한 발 더 나아가 일정 지역 (site) 과 노선 (route)에 대한 검사에도 이용되고 있다. 석유 채취 플랫폼의 설치에 앞서 플랫폼 설치 지역에 대한 정밀한 조사와 함께 파이프라인과 케이블들의 가장 적합한 설치 위치에 대한 조사가 필요한데 정밀한 음향 위치 추정 시스템 (accurate acoustic tracking system)을 장비한 ROV가 사용되고 있다.

### (4) Drilling Support

최근에 심해 작업의 증가에 따라 가장 ROV가 널리 사용되고 있는 분야 중의 하나로 매우 정밀하고 견고한 매니퓰레이터를 요구한다. 일반적으로 두 개의 매니퓰레이터가 필요한데 하나는 집게용으로 다른 하나는 보조용으로 둔다. 이 목적으로 사용되는 ROV들은 빠른 속도의 해류에 견디는 것은 물론 많은 양의 화물을 적재할 수 있는 능력을 갖추어야 한다.

### (5) Construction Support

Drilling support와 비슷한 분야로서 추가적으로 생각될 수 있는 것이 construction support이다. 구조물의 수리 혹은 설치 작업이 이 분야에 해당된다. 이러한 작업에는 여러 종류의 케이블과 절삭 작업이 필요하므로 이에 대한 충분한 고려가 필요하다.

### (6) Debris Removal

ROV는 또한 해양에서의 다양한 잔해 수거와 폐기물 처리에도 활용될 수 있다. 이 경우 ROV는 회수용 케이블과 여러 형태의 회수용 장치(lifting device)를 갖게 된다.

### (7) Call Out Work

일반적으로 플랫폼이나 Drill ship은 한 장소에서만 작업을 수행하는 것이 아니므로 신속한 이동을 요하는 경우가 있다. 이 경우에 ROV가 효과적으로 활용될 수 있다. 이러한 작업에서 ROV는 비교적 단순한 작업들을 맡게 되는데 예를 들면 플랫폼에 대한 감시활동이나 AX ring change-out, 케이블 절단과 같은 일이 될 수 있겠다.

### (8) Platform Cleaning

1980년대에 ROV에게 요구된 가장 복잡한 작업이 바로 플랫폼의 청소작업 이다. 청소 작업은 brush, water jets 와 같은 장비를 사용해 이루어졌으나 그다지 용이한 작업은 아니었다. 그것은 suction cup이나 grabber와 같은 장비들을 ROV에 장착해야만 하는 문제와 함께 water jet등을 사용할 때 ROV에 가해지는 반작용 문제가 심각했기 때문이다. 이 시기에는 water jet로 최대 100 hp까지 파워를 낼 수 있는 장비가 나타났다.

### (9) Subsea Installations

점점 ROV장비들의 기술이 고도화됨에 따라 해저 구조물의 건설, 검사 활동과 그것의 유지보수, 수리 등에 이용되기 시작하였다. 이러한 용도에 사용되기 위해서는 ROV에 많은 화물을 적재할 수 있는 능력이 필수적이므로 대용량의 화물을 적재할 수 있는 다양한 ROV 모델이 개발되고 있다. 이러한 임무를 수행하도록 개발된 것이 4.3절에서 살펴본 large sizes ROV이다. 그 중 Triton XL 250, MRV , Hercules 은 각각 250마력, 200마력 120마력의 힘을 낼 수 있으며 실어 나를 수 있는 적재 용량 또한 3톤에서 5톤 정도이다.

### (10) Telecommunications Support

최근에 들어서 ROV가 작은 파이프의 매설이나 해저 케이블 매설에 활발히 사용되고 있다. 물론 아직까지도 heavy seabed plow가 케이블 매설에 가장 유용한 도구임은 변함이 없으나 ROV만이 할 수 있는 작업들이 많이 있다. 특히, 매설된 케이블의 국부 노출과 수리에 있어서는 ROV의 사용이 필수적이며 최근에 그 수요가 급격히 증가하고 있는 통신용 케이블에 있어서도 ROV의 사용이 유리하다. 이러한 ROV들은 일반적으로 cable ship에서 300 m 이하의 해저로 케이블을 운반, 매설할 수 있으며 water jet와 같은 매설용 장치들을 구비하고 있는 것이 특징이다. Perry Tritech에서 제작한 Advanced Cable Maintenance Vehicle (ACMV)이 이러한 목적으로 사용되는 대표적인 ROV인데, ACMV는 케이블을 잡을 수 있는 매니퓰레이터를 구비하고 있으며 매설을 위한 물제트 시스템도 함께 구비하고 있다.

### (11) Object location and Recovery

수중 물체의 탐사와 회수는 ROV의 전통적인 임무중의 하나로 ROV를 이용하여 일반적인 탐사 장비들이 도달할 수 없는 위치에 있는 물체에 대한 조사를 수행하고 수중에 잃어버린 물체의 회수 작업을 할 수 있다. 앞서의 미 해군의 CURV III의 경우에서 보듯이 이 분야에서 ROV가 성공적으로 작업을 수행한 사례가 많이 있다.

다음의 세가지 사례는 Oceaneering Technologies (OTECH)사에서 수행한 ROV를 이용한 수중탐사의 실례를 보여준다. 1987년에 있었던 South African Airways 소속의 Boeing 747기 추락사고에서 OTECH사는 인도양에 위치한 추락현장에서 약 10 톤의 비행기 잔해를 수거하였으며 이 중 ROV가 직접 들어올린 양만도 453 kg에 달한다. 특히 1989년에는 이 비행기의 블랙박스를 회수 하는 데에도 성공하였다.

두 번째 사례는 미 해군의 S-3B VIKING 비행기의 잔해를 수거하는 일이었다. 비행기는 걸프만에 추락하였으며 추락 지점의 수심이 3,170 m에 달하였다. 이를 위해 OTECH사에서는 CURV III ROV를 사용하였다. 사용된 ROV는 80 마력의 출력을 내며 최대 6096 m까지 내려갈 수 있는 능력을 보유한 모델이다. 또 추락 지점의 강한 해류를 (10.2 km/hr) 견딜 수 있는 모델은 CURV III 뿐이었다. 어려운 설치 작업을 마친 후, CURV는 추락 해역에서 운용되어 잔해의 사진 자료를 모선인 GRASP호로 전송하였다. 파손된 비행기 파편과 본체(fuselage)의 인양에도 CURV는 중요한 역할을 하였다.

세 번째 사례는 1980년에 이태리 나폴리로부터 80마일 떨어진 해상에 추락한 ITAVIA DC-9의 인양으로 이 비행기는 공대공 미사일의 공격을 받은 것으로 추정되어서 이에 대한 조사가 추가적으로 필요했다. 추락한 비행기의 본체는 수심 3,353 m에 위치하였으며, 이의 회수를 위해 ROV인 Magellan에 수심 6000m를 조사할 수 있는 side scan sonar인 Ocean Explorer가 사용되었다. Explorer는 낮은 주파수 영역에서 725평방 킬로미터를 조사할 수 있으며 일단 잔해가 발견되면 높은 주파수를 사용해 해상도를 높였다. 조사가 끝난 뒤 ROV에서 촬영된 200시간 분량의 video tape와 1200장이 넘는 사진이 전달되었으며 이를 위해 Magellan은 총 72번의 탐사를 하였다. 이러한 조사가 끝난 뒤 Magellan은 회수 작업에 사용되어서 85번의 잠수 회수 동안 DC-9의 음성 녹음기 (Cockpit Voice Recorder)를 비롯한 2,500개 이상의 파편이 회수되었다.

## 3.6.2 AUV

### 1) 역사

Autonomous Undersea Vehicles (AUV)가 개발되기 시작한 역사는 그다지 오래 되지 않는다. 그것은 개발에 필요한 막대한 자금의 문제와 함께 ROV와 달리 실해역 운용에 있어 따르는 위험 때문에 AUV에 관심을 기울이지 않았기 때문이다. 그러나 ROV와 마찬가지로 AUV도 군사적인 목적으로 1980년대에 들어서 본격적으로 개발되기 시작하였다. AUV가 전략적으로 중요한 역할을 할 수 있다는 판단아래 미 해군은 막대한 자금을 들여 신뢰성 있는 AUV시스템의 개발에 착수하였다.

이 연구에 미국의 웨스팅하우스, 록히드 마틴사, Perry Technology사 등 쟁쟁한 기업들이 참여하였으며 수 조 달러에 달하는 자금이 투입되었다. 그 결과 핵 잠수함의 어뢰 보관함에서 운용될 수 있는 크기의 AUV들이 개발되어 성공적으로 운용되었다. 이러한 군사적 목적 이외에서는 AUV의 개발이 비교적 미미한 편이었으며 개발 자체도 전체 시스템보다는 국부적인 요소 기술 개발에 치중하는 면이 강하였다. 미국과 마찬가지로 소련과 영국에서도 군사적인 목적으로 AUV의 개발에 착수하여 자체 모델을 보유하게 되었다.

그 이후 MIT Sea Grant와 Florida Atlantic 대학과 같은 연구 기관들이 AUV 개발에 참여하고 막대한 자금을 소요했던 국방업체와 달리 낮은 가격에 비교적 성능이 우수한 AUV를 만들게 되자 이에 자극 받아 해군 연구소와 같은 많은 연구 기관들이 학술 목적으로 AUV의 개발에 착수하였다. 1990년대 이후에는 석유, 가스 개발 업체들도 이에 가세하여 개발 자금을 투입하기 시작하였다.

이와 같이 연구기관과 기업들이 AUV의 개발에 착수하게 된 것은 AUV가 ROV에 비해 갖는 가장 큰 장점 때문이다. 그것은 ROV가 umbilical로 인해 작업 수심의 제한을 받는데 비해 AUV는 그런 문제가 없고 umbilical대신에 수중 음향을 사용하여 모선과 교신하여 훌륭하게 작동 될 수 있음을 확인하였기 때문이다. 최초로 음향을 이용한 AUV는 1978년에 미 해군에 의해 개발되기 시작한 AUSS (Advanced Unmanned Search System)이며 이 AUSS는 무려 135번의 다양한 임무를 성공적으로 수행하여 그 우수성을 입증하였다. 오늘날에는 많은 수의 AUV들이 acoustic link를 이용해 운용되고 있으며 그 중요성이 점차 부각되고 있다. 1970년대 이후 약 30년 동안 200기 AUV 가 개발되어 해양 조사 활동에 사용되어 왔다.

## 2) 필요성 및 활용 분야

AUV는 인간의 활동이 자유롭지 못한 심해에서 해저케이블 설치와 수리 등 여러 가지 작업에서 성공적으로 이용되고 있다. AUV는 현재 ROV나 다른 수중 작업 로봇이 수행하고 있는 작업까지 할 수 있는 가능성이 매우 높다. 또한 AUV 관련 기술은 심해 탐사에서부터 대 잠수함 전투까지 산업적, 군사적으로 많은 응용이 가능하여 그 활용 범위가 매우 광범위하다고 할 수 있다.

그러나 AUV의 핵심 기술인 자율운항시스템은 기밀사항으로 분류되어 기술 이전이 거의 불가능하다. 그 외의 AUV 기술 역시 기술 이전이 매우 어렵다고 할 수 있다. 따라서 많은 국가에서는 AUV와 AUV 관련 기술을 획득하고 활용하기 위해 국가적인 차원에서 AUV 기술 개발에 힘쓰고 있다. AUV와 AUV 관련 기술 응용성으로 인해 많은 국가에서 국가적인 차원에서 AUV 기술 개발에 힘쓰고 있다.

그 중 가장 핵심적인 것은 자체적인 AUV의 자율운항시스템 개발로서 기술 이전료 절감과 수입대체 효과가 기대될 뿐 아니라 독자적인 AUV 개발 능력을 갖출 수 있게 된다. 여러 선진국은 선체나 센서와 같은 하드웨어 관련 기술들은 이미 안정화를 이루었다고 판단하여 AUV의 효율적이고 다양한 임무수행을 위한 지능적 자율운항시스템에 대한 연구 등 소프트웨어 관련 기술에 초점이 모아지고 있다. 그리고 AUV의 임무수행능력에 고신뢰성을 보장하기 위한 자료융합(data fusion)연구 등도 병행되고 있다. 이에 반해 한국의 AUV 개발연구는 다른 여러 선진국가에 비하여 비교적 최근에 시작되었다. 기계연구원 선박공학연구센터에서 200M급 연근해 AUV VORAM을 개발하였고 대우중공업 선박해양기술연구소에서는 러시아와 기술을 합작을 통하여 심해탐사가 가능한 AUV Okpo 6000을 개발하였다.

그러나 이러한 개발연구는 AUV의 하드웨어 관련기술에 치중되어 이들 관련기술은 상당한 진보를 이루게 되었으나 자율운항 관련기술은 초보적 장애물회피(obstacle

OKPO 6000

OKPO 600

OKPO 300

| | OKPO 6000 | OKPO 600 | OKPO 300 |
|---|---|---|---|
| 운용수심 | 6000 m | 600 m | 300 m |
| 무게 | 1,000 kg | 60 kg | 55 kg |
| 지름<br>길이 | 3.8 m<br>0.7 m | 2.6 m<br>0.28 m | 1.8 m<br>0.26 m |
| 운용시간 | 10 hr | 10 hr | 10 hr |

AUV 제원

그림 3.74 국내 개발 AUV

clearance) 수준의 소프트웨어에 머물러 있다. 이와 같은 항해 소프트웨어로는 AUV의 효율적인 임무수행 능력을 기대하기 어려워 앞으로 많은 연구가 요구된다.

모선의 지원이 필요한 ROV나 towed fish등 다른 수중 작업 로봇에 비해서 AUV을 운용하는데 있어서 가장 큰 장점은 기상 상태에 큰 영향을 받지 않는다는 점이다. 즉 AUV가 일단 잠수하여 미리 정해진 작업을 수행하게 되면 수면에서의 기상 상태는 수중에서 작업을 수행하고 있는 AUV의 작업에 아무런 영향을 끼치지 않게 된다.

ROV나 towed fish는 모선에 연결되어 작업을 수행하기 때문에 기상 조건에 의해 모선이 영향을 받게 되면 ROV, towed fish 역시 작업하는데 기상 조건에 많은 영향을 받게 된다. AUV와 비슷한 작업을 수행하는 towed fish 와 AUV를 비교하여 보면 기상 조건 이외에도 여러 가지 면에서 AUV가 우수함을 알 수 있다. AUV 와 towed fish 을 같은 해역에서 운용하였을 때 운영시간을 비교하면 그림3.75와 같다.

그림 3.75에서 위쪽 그림은 3 mile  3 mile 해역을, 아래쪽 그림은 5 mile 40 mile

해로를 AUV와 towed fish을 이용하여 탐사하였을 때를 탐사 시간을 각종 활동별로 비교한 것이다. 두 경우 모두 장비를 모선에서 내리고 목표 지역까지 도달하는 시간과 다시 모선에 장비를 싣는 시간은 AUV와 towed fish가 거의 같다고 할 수 있다. 그러나 기상 조건에 의한 영향을 받는 시간을 살펴 보면 AUV가 towed fish보다 매우 적은 시간이 걸리고 있음을 알 수 있다. 또한 online과 turn 즉 실제 조사 활동에 소요되는 시간에서 AUV가 towed fish보다 월등히 적은 시간만을 소비하고 있음을 알 수 있다.

이는 AUV는 pre-programming이 되어 autonomous하게 조사활동을 하고 조사한 자료는 자체적으로 저장을 하고 귀환하는 반면 towed fish는 모선이 조사 지역을 운항하여야 하므로 turn에서 조사한 자료를 cable을 통해서 모선에서 저장하므로 online에서 AUV보다 조사 시간이 길어지게 된다. 전체적으로 앞에서 언급한 여러 가지 조건을 살펴 보았을 때 같은 넓이의 해역을 조사할 때 AUV가 towed fish 의 절반 정도 되는 운용 기간을 가지게 된다. 그림 54에서 보면 3 mile  3 mile 해역 조사에서는 towed fish가 약 8일의 운용 기간이 소요 되는 것에 비해 AUV는 3일 정도의 운용기간이 소요 되며, 5 mile  40 mile 해로 조사에서도 각각 8일 이상과 3일 미만의 운용 기간을 보여 주고 있다. 운용 기간이 짧아짐에 따라 운용 비용 역시 줄어 들게 된다.

AUV의 또 하나의 특성은 AUV를 운용하여 획득할 수 있는 정보가 ROV에 비해 매우 넓은 영역에 대한 정보라는 점이다. ROV 가 umbilical로 인해 운용 영역이 제한되는데 비해 AUV 는 운용 지역이 매우 넓기 때문이다. 또한 같은 영역에 대한 정보를 획득하기 위해 ROV를 운용한다면 소모하여야 할 운용비용과 운용 기간에 비해 AUV는 보다 적은 운용 비용과 짧은 운용 시간으로도 같은 정보를 획득할 수 있다는 장점도 있다. 현재 상용으로 제작되어 판매되고 있는 AUV의 경우 최고 운항 속도 2 m/s로 360 km - 430 km 항주 거리 또는 50 - 60시간 운항 시간이 가능한 성능을 보여 주고 있다. 이처럼 한 번의 작업에서 얻을 수 있는 정보량이 매우 많은 점이 AUV가 가지고 있는 가장 큰 장점이라고 할 수 있다. AUV 가 아닌 심해에 대한 정보를 얻을 수 있는 방법은 AUV 에 비해 소용 비용이 더 들어가거나 정확도가 떨어 지는 경우가 많이 있다.

통상적으로 AUV 가 연구 목적 이외에 사용 되는 경우는 해저 석유 탐사를 위해 조사 활동용으로 많이 사용되고 있다. 석유가 존재할 가능성이 높은 곳을 선정하여 시추하는 작업을 위한 정보 획득은 석유 개발 과정에서 매우 중요한 문제이다. 시추하는 곳을 선택하여 시추하는데 소요 되는 비용은 시추 공 한 곳에 대하여 약 100만 달러 정도 추정되고 있다. AUV 가 ROV 에 비해 가지고 있는 매우 큰 정보 수집 능력으로 많은 정보를 얻을 경우 시추공 위치를 결정하는데 있어서 많은 이득을 얻을 수 있다. 이런 이득으로 인해 석유 회사로서는 많은 비용을 절감할 수 있을 것이다. 한 연구에 의하면 이처럼 AUV 을 운용함으로써 향후 5년간 한 석유회사가 얻는 이득이 약 1억 달러에서 7억 달러에 이룰 것이라는 결과를 보여 주고 있다.

이상에서 살펴본 바와 같이 AUV는 해저에서 인간을 대신하여 다음과 같은 다양한 작업들을 행함으로써 민·군수 분야에 폭 넓게 활용될 수 있으며 이를 사례별로 나누어 기술하면 다음과같다.

### (1) External Pipeline and Cable Inspection

ROV 와 달리 umbilical을 사용하지 않기 때문에 AUV는 작업할 수 있는 수심과 영역이 ROV 보다 훨씬 뛰어나기 때문에 해저에 가설된 파이프 및 케이블을 검사하는 데 ROV보다 넓은 영역을 검사할 수 있다.

### (2) Route Surveys, Gravel Dump Surveys

해저 지형을 파악하는데 있어서 AUV 는 수심의 제한 덜 받기 때문에 통상적으로 ROV보다 깊이 잠수하여 보다 정밀한 해저 지형 및 해저 광물 탐사가 가능하다.

### (3) Bathymetry Surveys

AUV 는 수중 운항 중 내부에 탑재되어 있는 압력 센서를 이용하여 그 위치에서의 압력을 획득할 수 있다. 또한 CTD 센서를 이용하여 그 수역에서의 수온과 염분을 알아내어 밀도를 구할 수 있게 된다. 또한 해저로부터 일정한 거리를 유지하기 위해 range sonar을 사용한다면 해저 면에서 어느 정도의 거리에 있는 지를 알 수 있다. 이를 이용하여 그 해역에서의 정확한 수심을 측정할 수 있다.

### (4) Oceanographic Surveys

AUV 을 이용하여 해저지형 탐사 및 지질학적 탐사를 할 경우 수중에서 탐사 활동이 이루어 지므로 기상조건 등에 별다른 영향을 받지 않기 때문에 수면에서 하는 탐사 활동보다 보다 정확한 자료를 얻을 수 있다.

### (5) Environmental Monitoring

AUV을 이용하면 해양에 관한 넓은 지역에 대하여 정확한 자료를 습득할 수 있고 towed fish 나 ROV 보다 운용비가 저렴하므로 수 년 동안 운용이 가능하여 자료를 축적하여 해양 환경이 변화하여 가는 모습을 감시할 수 있는 체계를 세울 수 있다.

### (5) Search for Dropped Objects

침몰된 물체의 정확한 위치를 모를 경우 넓은 수역을 탐사해야 할 필요가 있다. 또한 정확한 위치를 알더라도 그 해역에 대한 정보를 모를 경우 해역에 대한 정보가 필요하게 된다. AUV 을 사용하여 침몰 추정 해역에 대하여 탐사활동을 하여 기본적인 정보를 얻는다면 침몰된 물체에 대한 인양 작업들이 보다 손쉽게 이루어 질 수 있을 것이다.

### (6) Sea Bottom Imaging Data

AUV에 Side Scan Sonar(SSS)을 장착하여 작업에 투입할 경우 towed fish 등을 이용하였을 때 보다 넓은 영역에 대한 해저 지형의 image data을 얻을 수 있다.

### (7) Mine Reconnaissance & Countermeasure

AUV가 본격적으로 개발되게 된 시점은 미 해군이 AUV가 기뢰 제거에 효과적으로 사용할 수 있을 것이라고 판단하고 대규모 투자를 시작한 시점이다. 상대적으로 정보가 부족한 해역에서 작전을 수행해야만 하는 전략 핵 잠수함이 미리 설치되어 있는 기뢰로 인해 손실되지 않도록 AUV를 이용하여 작전 해역에 대하여 정보를 수집함으로써 기뢰를 탐지하고 이를 모선 이라고 할 수 있는 전략 핵 잠수함에 acoustic link을 이용하여 전달할 수 있다.

## 3) 무인잠수정 설계 방법

잠수함을 포함한 일반적인 선박을 설계 시에는 비슷한 임무/용도에 이미 사용되고 있는 선박 및 탑재 장비에 대한 제원을 이용하여 설계하고자 하는 선박에 대한 제원 및 성능을 결정하고 설계를 수행하고 있다. 이러한 모선을 활용한 초기 설계는 선박 설계 시 요구되는 여러 가지 선박 안전 및 성능에 대한 계산에 필요한 시간을 단축시킬 수 있다는 장점을 가지고 있다. 무인잠수정은 보통 연구 등 고유 목적을 가지고 개발되기 때문에 실적선을 이용하여 개발하기 보다는 목적에 부합하는 성능을 구현하기 위하여 각 무인잠수정에 개별적인 설계를 수행하고 있다. 고유 목적에 적합한 무인잠수정을 설계하는 것은 목적에 부합하게 설계할 수 있지만, 개발에 많은 시간이 요구되고 있다. 따라서 현재는 선박 설계 방법과 다르지만, 기존에 개발이 완료된 무인 잠수정에 대해서 각각 무인잠수정에 요구되는 고유 기능을 수행하기 위한 모듈을 장치하는 방향으로 발전하고 있다. 이러한 방향은 무인 잠수정의 표준화와 모듈화로 구현되고 있다. 무인 잠수정의 표준화와 모듈화를 통해서  운용 시 비용을 절감할 수 있는 효과를 기대할 수 잇다. 또한 전원(battery)의 경우 모듈교체를 통한 UUV의 효과적 운용 기대할 수 있다.

미 해군에서도 UUV Master plan을 통해 모듈화 강조하고 있다. 그림 3.76은 현재 개발 중인 모듈화 무인 잠수정의 GAVIA의 기본 모델 구성(Nose Cone, Battery, Control and Communication, and Propulsion modules)을 보여 주고 잇다.

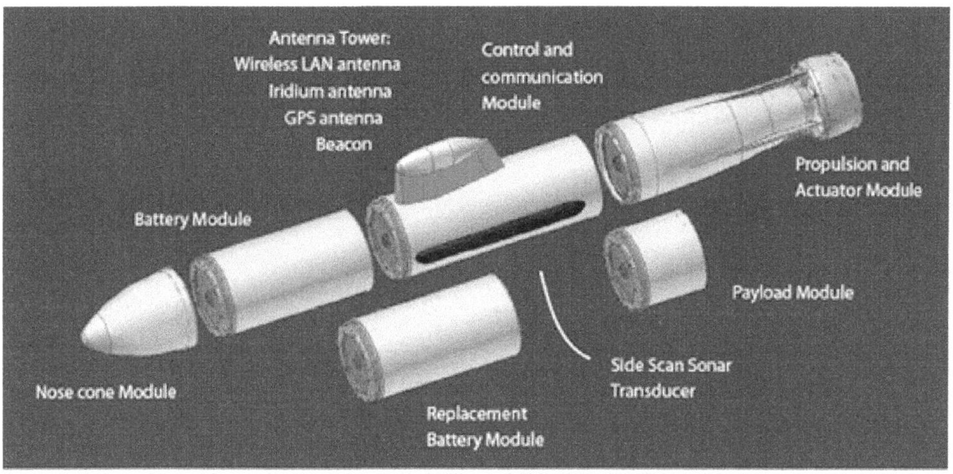


그림 3.75 GAVIA의 기본 모델

### 3.6.3 항법장치

수중에서 자율 판단 알고리즘을 적용하여 자율 운항하는 무인 잠수정(AUV)에게 가장 중요한 것은 자신의 위치를 스스로 파악하는 것이라고 할 수 있다. 자신의 위치를 스스로 파악하는 방법을 항법 (navigation)이라고 하고 항법을 위해서 장비는 항법 장치(navigation system)이라고 한다. 본 절에서는 무인 잠수정(AUV)에서 적용되고 있는 항법 기법과 이를 위하여 필요한 항법 장치에 대해서 설명한다

전자파 사용이 어려운 수중 환경에서 AUV가 운용하기 때문에 지상 로봇과 무인 비행기 등에 많이 적용되고 있는 GPS 기반 위치 파악 기법은 AUV 운용 수심이 10 m 이내 경우 등과 같은 매우 제한적인 상황에서만 적용이 가능하다. 이러한 이유에서 GPS 기반 위치 파악 기법 대신 AUV에 오랫동안 적용되어온 위치 파악 기법은 관성 측정 장치를 사용하는 관성 항법(inertia navigation)과 수중음향 장치를 사용하는 기선 항법(baseline navigation)이다. 관성 항법은 AUV 내부에 장치되는 관성 측정 장치를 이용하여 수중 로봇의 관성 변화를 측정하고 이를 적분하여 출발점으로부터 현재 위치까지의 항적을 계산하여 AUV 현재 위치를 파악하는 기법이며, 기선 항법은 GPS 시스템 대신 수중 음향 신호를 주고 받는 장치(acoustic beacon)를 AUV와 AUV가 운용되는 환경(해저, AUV 운용 모선 등)에 여러 개(통상 4개 이상)를 설치하고 외부 장치와 AUV 사이 거리를 측정하여 삼각 측량법을 통하여 AUV의 현재 위치를 파악하는 기법이다.

#### 1) 추측 항법(Dead reckoning)

현재 자율 무인 잠수정의 기본 항법 기법은 추측 항법(dead reckoning)이다. 추측 항법은 무인 잠수정의 현재 상태를 알려주는 센서들인 compass, 수심 센서 및 속도 센서 등에서 제공하는 정보를 활용하여 출발점으로부터 현재까지 위치를 추측하는 방법이다. Compass는 무인 잠수정의 선수 동요(heading)의 속도 변화 즉 가속도를 측정하여 이를 이산화(digital)화여 제공한다.

수심 센서(depth sensor)는 무인잠수정이 받고 있는 수압을 측정하고 바다물의 비중을 이용하여 현재 무인잠수정의 수심 즉 수면으로부터의 거리를 계산하여 제공한다. 무인잠수정의 속도는 보통 추진기의 제원을 활용하여 rpm(revolutions per minute)과 속도의 관계식을 수립하여 계산하여 사용한다. 추측 항법은 기본적으로

센서의 정보를 적분하여 위치를 계산하기 때문에 적분 특성 상 오차가 누적되기 때문에 절대적 위치 파악 필요성이 작은 일부 임무에만 사용되고 있다.

## 2) 관성 항법 시스템(INS :Inertial navigation system),

관성 항법 시스템은 현재 가장 많이 사용되고 있는 항법 시스템이다. 관성 항법 시스템은 운동 중인 무인잠수정의 6자유도 운동에서의 자세와 가속도를 3차원으로 측정하여 사용한다. 상/하, 좌/우 및 전후 방향으로의 운동과 가속도를 측정하는 센서를 관성 센서라고 한다. 관성 항법 시스템은 이러한 관성 센서를 적용하여 획득한 정보를 추측 항법과 마찬가지로 이렇게 측정된 정보를 적분하여 무인잠수정의 위치를 계산하게 된다. 추측 항법과 달리 무인잠수정 운동 중에서 발생하는 무인잠수정 자체 자세 정보를 이용하기 때문에 추측 항법과 비교할 때 보다 오차가 적은 항법 정보를 획득할 수 있다. 추측 항법과 마찬가지로 적분을 기반으로 하기 때문에 관성 항법 시스템도 오차가 누적되는 단점을 가지고 있다. 이러한 이유에서 관성 항법 시스템은 절대 위치 정보를 이용하여 누적된 오차를 보정하는 것이 필요하다. 이러한 이유에서 관성 항법 시스템은 GPS(global positioning system) 등의 사용이 가능한 수상선과 항공기 등에서 주로 적용되었다. 긴 운용 시간이 요구되는 임무에 투입되는 무인 잠수정은 이러한 항법 오차 누적을 막기 위해서 일정 주기를 가지고 수면으로 부상하여 GPS 정보를 이용하는 방식으로 적용되고 있다.

그림 3.76 무인잠수정용 INS

그림 3.77 DVL

또한 항법 오차 누적을 방지하기 위해서 현재 관성 항법 시스템은 관성 센서 이외에도 각종 보조 센서를 사용하는데 그 중 가장 많이 사용되고 있는 장비는 음파를 이용하여 무인잠수정 속도를 측정할 수 있는 DVL (Doppler velocity logger)이다. DVL은 바닥에 음파를 쏘고 수신하여 도플러 효과를 이용하여 무인잠수정 속도를 계산하게 된다.

### 3) 기선 항법 시스템(Base line navigation system)

현재 무인잠수정에서 주로 사용되고 있는 관성 항법 시스템은 정밀한Long 위치 정보를 계산하는 것이 가능하지만, 항법 오차가 누적된다는 단점을 가지고 있어 긴 시간 동안 사용하기 위해서 일정 시간 마다 수면으로 부상해서 오차를 보정을 해야 한다. 항법 오차가 누적되지 않는 항법 장비로 널리 사용하고 있는 장비는 능동 소나를 사용하는 기선 항법 시스템이라고 할 수 있다.

기선 항법 시스템은 여러 개 음파를 송수신하는 센서를 가지고 있는 장비를 정확한 위치에 설치하고 그 위치로부터 여러 개 무인잠수정의 거리를 계산하고 계산된 거리 정보들을 이용하여 무인잠수정의 위치를 계산하게 된다. 위치를 계산하는 방법은 흔히 사용하는 삼각 측량 방법을 이용한다. 이론적으로는 3개 위치를 알면 무인잠수정 위치를 계산할 수 있지만, 보통 기선 항법 시스템에서는 고정형 음파 송수신 장치는 4개 이상을 설치하여 위치의 정확도를 높이고 있다. 기선 항법 시스템은 고정형 음파 송수신 장치를 설치하는 방법에 따라 장기선 항법 시스템(long baseline system: LBL), 단기선 항법 시스템(short baseline system: SBL) 및 극단기선 항법 시스템(ultra short baseline system(USBL)으로 나눌 수 있다.

장기선 항법 시스템은 고정형 음파 송수신 장치는 해저 바닥에 설치하고, 단기선 항법 시스템은 무인잠수정의 모선 선저 바닥에, 극단기선 항법 시스템은 선박 자체가 아니라 별도의 이동과 설치가 가능한 고정형 음파 송수신 장치를 사용한다. 기선 항법 시스템은 정확한 위치를 계산하는 것이 가능하지만, 무인잠수정이 사용하는 음파가 도달할 수 있는 거리 내에서만 사용 가능하다는 단점을 가지고 있다. 그렇지만 정확한 위치 계산이 가능하기 때문에 무인잠수정 이외에도 ROV, 해양 플랜트 등에도 널리 적용되어 사용되고 있다.

그림 3.78 LBL

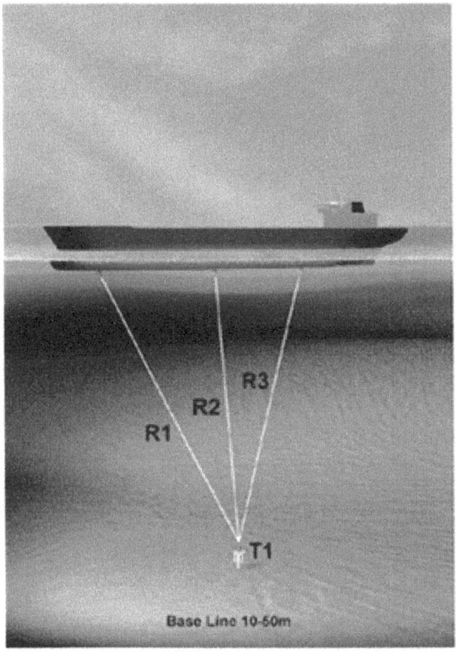


그림 3.79 SBL

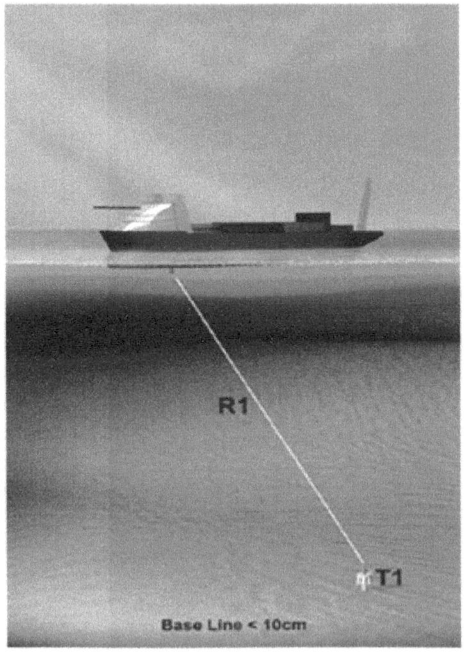


그림 3.80 USBL

장기선 기법은 기선 항법 시스템 중 가장 정확한 위치 제공하는 것이 가능하지만, 해저 지형에 고정형 음파 송수신 장치를 설치해야 하기 때문에 고정형 음파 송수신 장치설치 유지 보수가 어렵다는 단점을 가지고 있다.

단기선 기법은 무인 잠수정/ROV 모선 등 선박 바닥인 선저에 고정형 음파 송수신 장치를 설치하기 때문에 장기선 기법에 비해서 고정형 음파 송수신 장치에 대한 설치 유지 보수가 쉽다는 장점을 가지고 있는 반면, 수선면 근처에 송수신 장치가 위치하기 때문에 무인 잠수정의 수심 정보가 없다면, 무인 잠수정 단독으로 위치를 파악하는 것이 불가능하다는 단점을 가지고 있다.

초단기선 기법은 길이 10 미터 이내의 별도장치를 이용하기 때문에 기선 항법 시스템 중에서 설치 유지 보수가 제일 쉽다는 장점을 가지고 있지만, 무인 잠수정의 깊이 위치가 없으면 오차 발생한다는 단점을 가지고 있다.

## 3.6.4 Manipulator

매니플레이터는 로봇 분야에서는 통상적으로 운용자와 대상 물체 사이 직접 접촉 없이 사람이 작업할 수 있는 장비를 통칭하여 정의한다. 원래 매니플레이터는 지상 로봇 분야에서는 방사능 피폭, 생물학적 위험이 존재하는 경우나 사람이 도달할 수 없는 지역 등에서 사용하기 위한 로봇팔를 의미하였으나 현재는 외과적 수술을 하는 로봇팔까지 포함하고 있다. 수중 로봇 분야에서는 다축 관절 형태로 ROV에 장착되어 운용자가 조이스틱과 같은 원격 제어 장치를 이용하여 조정함에 따라서 다양한 수중 작업을 수행하는 장비를 의미한다. 통상적으로 여러 개 관절을 가지고 있어서 다양한 방향으로 운동이 가능하며, 심해에서 수압을 이겨내기 위하여 유압 장치를 기본으로 동력원으로 삼는 경우가 수중 로봇 분야에서는 일반적이다. 보통 수중 로봇 분야에서 실제로 매뉴플레이트를 이용해서 수행할 수 있는 작업은 다음과 같다.

- Single Function Gripper
- Dual Function Manipulator
- Seven Function Arm with collection Carousel
- Gripper Rope Cutting Attachment
- Rope Cutter
- Wire Cutter Tool
- Wire Brush Tool

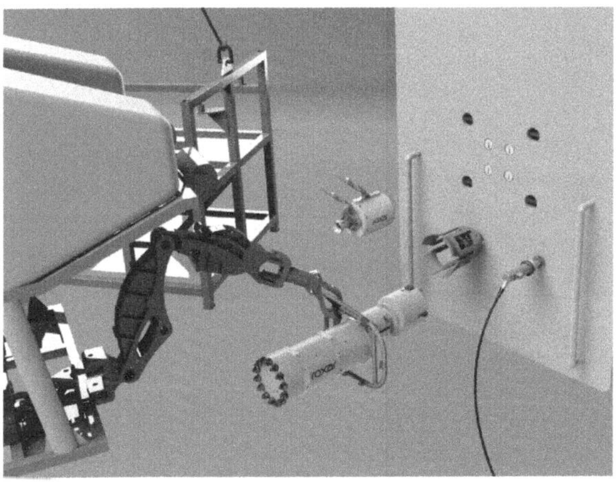

그림 3.81 ROV replacement of sensors on subsea production systems Courtesy of Emerson Process Management

그림 3.82
The manipulator arm of the remotely operated vehicle Tiburon collects a piece of basaltic Courtesy of NOAA

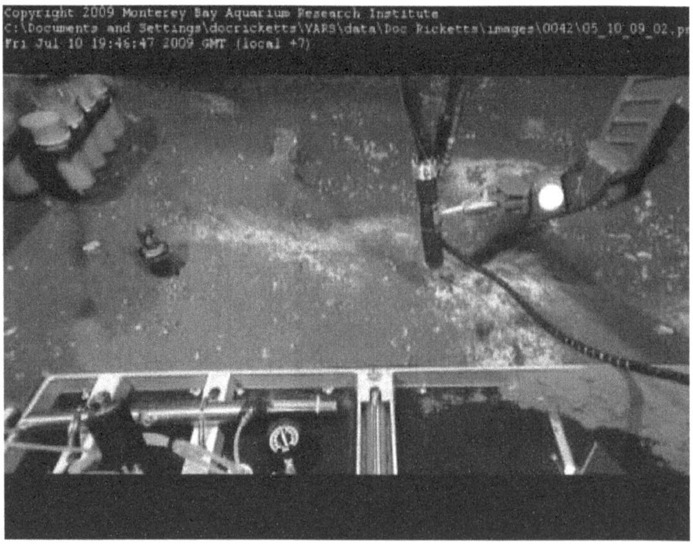


그림 3.83
The pore-water probe is carefully inserted into the sediment below a bacteria mat (white) with skillful manipulation of the ROV arm by the ROV pilot. Visible at left is a conventional push-core which was collected for comparison with the in-situ analyses. Courtesy of MBRI

## 3.6.5 SONAR

본 절에서는 석유 부존 예상 지역에 대한 지질 환경 탐사 활동 및 해양 환경 조사활동을 수행할 때 필요한 해양 장비 센서 종류에 대해서 설명하고자 한다. 이러한 센서들은 수중에서는 빛과 같은 전자기파의 사용 가능한 도달 거리가 매우 짧기 때문에 주로 음파를 사용하고 있다. 이러한 이유에서 본 절에서는 음파를 이용하여 수중 환경에서 사용되는 각종 장비에 대해서만 설명한다.

수중에서 음파를 이용하는 장비를 통칭해서 소나(SONAR: SOund NAvigation and Ranging)라고 부른다. 소나는 음파를 수신하여 필요한 정보(거리 등)를 제공하는 장비로 정의할 수 있다. 수중 음향을 이용하기 위한 기본 장비로서 크게 능동 소나(Active sonar)와 수동 소나(Passive sonar)로 나눌 수 있다(표 3.5).

능동 소나는 음파를 송신하고 반사되어 돌아오는 음파를 수신하여 정보를 제공하는 장비이며 수동 소나는 음파 송신 없이 수신되는 음파을 이용하여 정보를 제공 장비로 할 수 있다. 소나 중 특별히 트랜스폰더(Transponder)로 음파가 수신되면 음파를 송신하는 장비라고 할 수 있다. 본 절에서는 무인잠수정과 해양 탐사활동에 주로 사용되고 있는 능동 소나 위주로 설명한다.

### 1) 전방 주사 소나 (Forward looking sonar)

전방 주사 소나는 어군 탐지와 무인잠수정의 장애물 탐지용으로 많이 사용되고 있다. 소나 전방에 위치한 물체의 거리 및 각도 파악하는 용도 주로 사용되고 있다. 선박과 무인잠수정 전방에 설치되어 사용된다.

표 3.5 가시 광선과 음파 비교

| 가시 광선 | 음파 |
|---|---|
| 물 속에서는 많은 감쇠가 발생 | 공기보다 물에서 전달이 더 잘 됨 |
| 최대 도달 수심 200 m | 수중 음속 1500 m/s vs. 공기 음속 340 m/s<br>도달 거리: 수십 km |
| 수중 사용에 많은 제약 존재 | 공기보다 물에서 전달이 더 잘 됨 |

## 2) 측면 주사 소나(Side scan sonar)

측면 주사 소나는 현재 가장 많이 사용되고 있는 능동 소나 장비로, AUV에 장치되어 사용되거나, 예인식 장비로 많이 사용되고 있다. 측면 주사 소나의 주된 용도는 해저면 2차원 이미지를 획득하고 해저 지형도를 작성하거나, 획득된 지형 정보를 이용하여 해저면 바닥에 위치하고 있는 물체를 탐색하는 목적으로 사용되고 있다. 아래 그림은 side scan sonar의 이미지 처리 원리를 보여주고 있다.

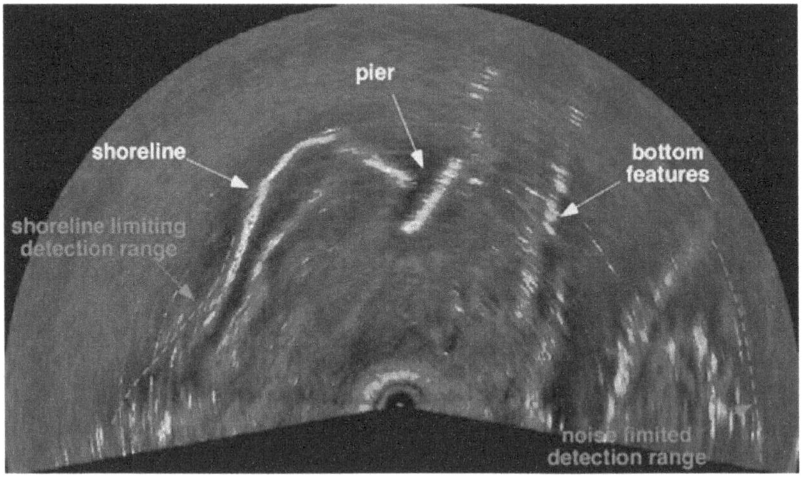


그림 3.84 FLS 획득 이미지

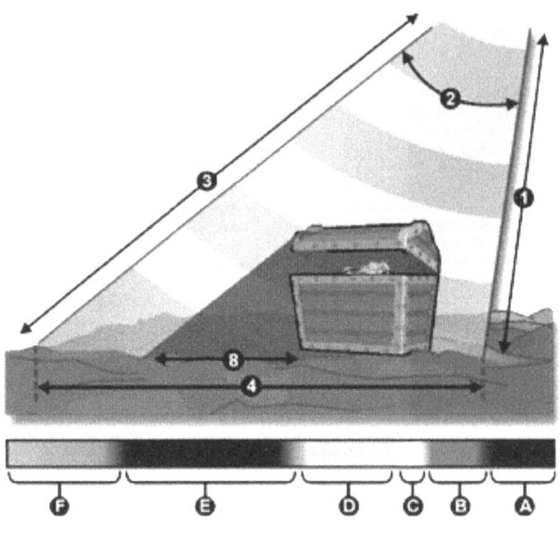


그림 3.85 SSS 작동 원리

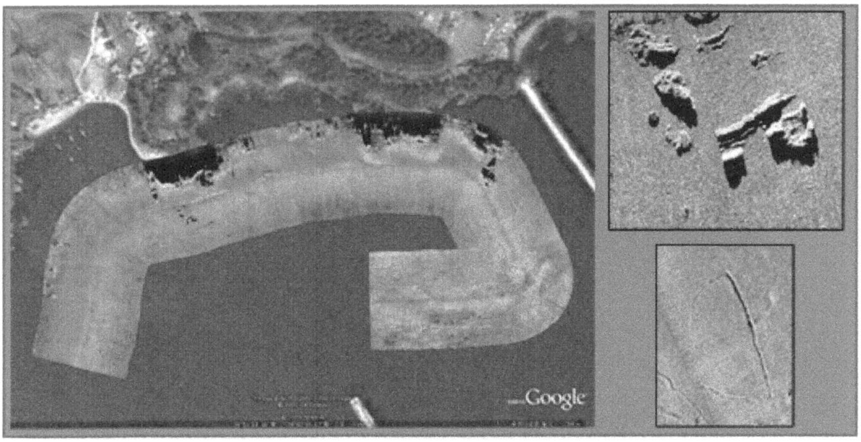


그림 3.86 실제 SSS 이미지을 이용한 해저 지형도

그림 3.87 MBS concept;
Courtesy of WHOI

### 3) 다중빙 소나(Multi beam sonar)

여러 개 매우 폭이 좁은 음향 빔을 주사하고 신호를 동시에 수신하고 처리하여 면적 개념의 거리 정보 획득하고 측면 주사 소나와 비슷한 해저 지형 정보를 획득하는 장비다. 측면 주사 소나와 다른 점은 측면 주사 소나는 이미지 형태의 결과물을 생성한다면, 깊이 정보를 획득하여 이를 활용하는 결과물을 생성한다는 점이다(그림 3.88, 3.89)

그림 3.88 MBS image Courtesy of WHOI

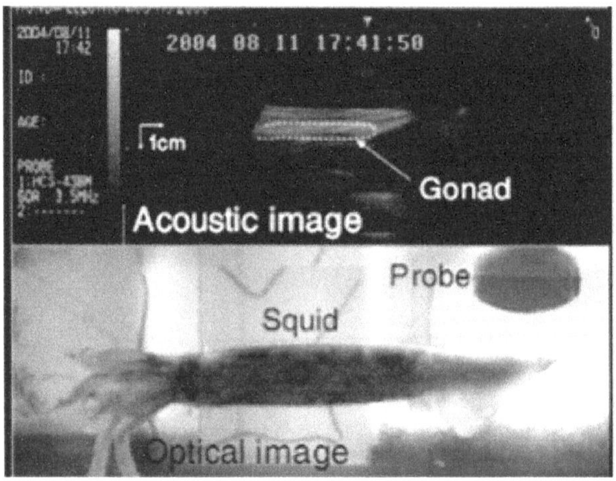


그림 3.89 Acoustic camera image

## 4) Acoustic Camera

음향 신호를 회절시키는 특수 렌즈와 빔 형를 적용하여 광학 카메라와 비슷한 형태의 음향 사진을 생성하는 장치로 side scan sonar와 같은 일반적인 능동 이미지 소나 보다 더욱 정밀한 이미지를 획득하기 위하여 사용되고 있다. 정밀한 이미지 획득이 가능하지만, 획득 가능한 이미지의 크기가 다른 능동 이미지 소나보다 협소하다는 단점을 가지고 있다(그림 3.90).

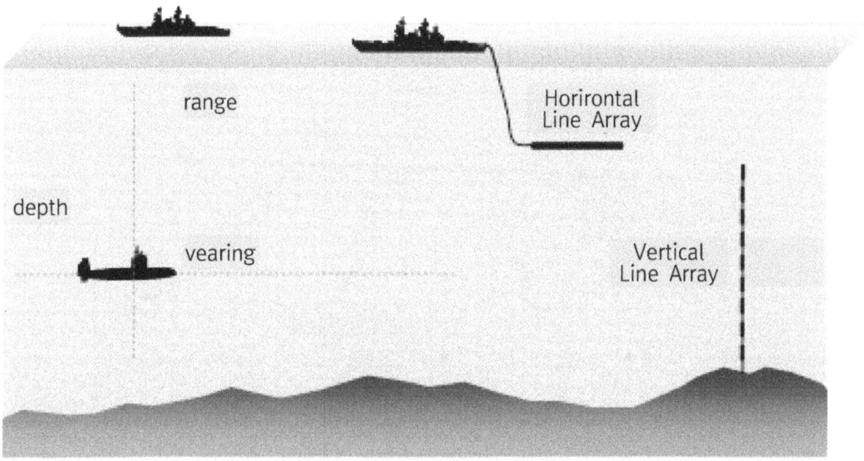


그림 3.90 Towed array 운용 개념

## 5) 예인 배열 소나 장비 Towed array sonar system

음향 신호를 사용하여 처리할 때 센서의 길이가 길면 길수록 이미지의 해상도 등이 좋아지기 때문에 많은 유리한 점을 가지고 있다. 그러나 무인 잠수정 설치하는 음향 센서뿐만 아니라 선박에 설치하는 음향 센서도 선박의 길이 이상으로 음향 센서의 길이에 제한될 수 밖에 없다. 이러한 제한을 극복하기 위해서 국방 분야에서는 1 km 이상의 음향 센서를 설치한 배열 센서를 제작하여 선박이 예인함으로서 선박의 길이보다 더 길이를 가지는 센서를 설치하여 사용하고 있다(그림 3.91).

## 6) 합성 개구면 소나 (Synthetic aperture sonar)

합성 개구면 소나는 이전에 설명한 능동 소나들이 수신된 반사 음향 신호를 실시간으로 처리하여 사용하는 것과 다르게 수신된 신호를 사후 처리 과정(post process)를 적용했다는 다른 점을 가지고 있다. 음향 신호를 사용하여 처리할 때 센서의 길이가 길면 길수록 이미지의 해상도 등이 좋아지기 때문에 많은 유리한 점을 가지고 있지만, 제작 및 설치 등에 많은 어려움을 가지고 있다. 합성 개구면 소나는 사후 처리 과정을 적용하여 실제 센서 길이보다 긴 배열을 사용하는 효과를 얻을 수 있다는 장점을 가지고 있다. 합성 개구면 소나의 주된 용도는 음원의 정확한 위치 파악이다.

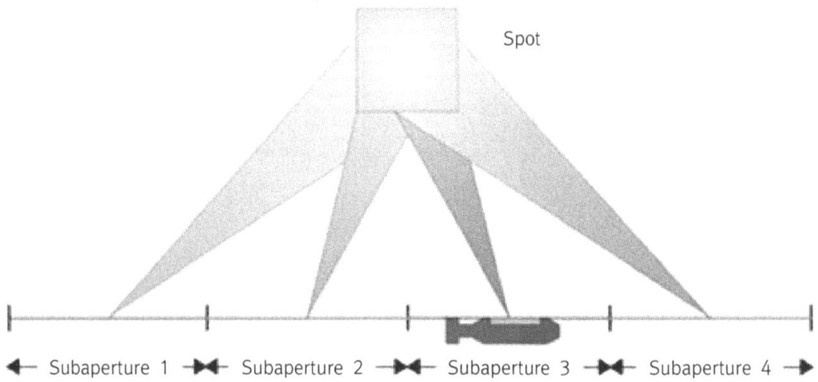


그림 3.91 SAS 원리

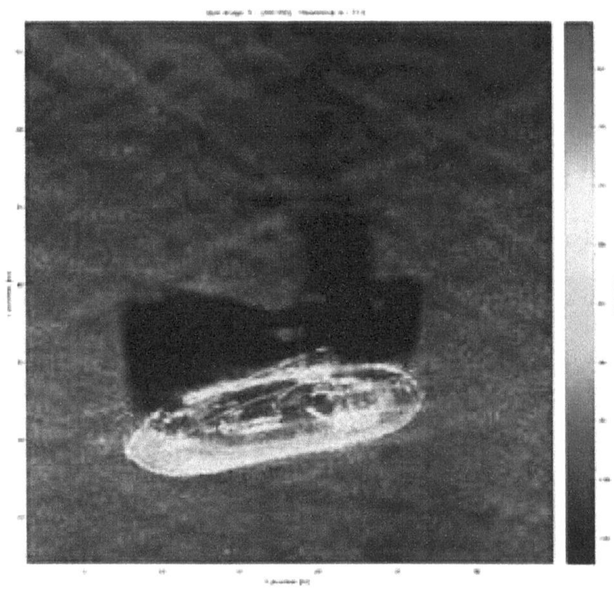

그림 3.92 SAS image Courtesy of Kongsberg

# 연습 문제

1. FPSO 생산 관련 장비 종류에 대해서 설명하시오

2. 다음 장비에 대해서 설명하시오
   a) Swivel

   b) Heave Compensator

   c) BOP

   d) X-mas tree(크리스마스 트리)

3. Mud system 구성과 Mud Circulation의 목적을 서술하시오

4. Subsea system에 적용되는 기술 분야 3가지에 대해서 설명하시오

5. 분출(Blowout)과 역압(kick)에 대해서 설명하시오.

6. ROV의 정의를 설명하시오

7. ROV 활용 방안 중 subsea installation에 대해서 설명하시오

8. AUV 정의를 설명하시오

9. AUV 설계할 때 Module 방식의 장점을 설명하시오.

# 참고 문헌


1) 손호재, 김태희 Fundamentals of offshore Engineering, 원창출판사, 한국 인천, 2012.

2) 최경식, 해양플랜트개론, 문운당, 한국 서울, 2010.

3) 대한조선학회, 선박해양공학개론, GS 인터비젼, 한국 서울, 2011.

4) Robert E. Randall, Elements of ocean engineering, 2nd Ed SNAME, 2010

5) ROV Committee of the Marine Technology Society, "OPERATIONAL EFFECTIVENESS OF UNMANNED UNDERWATER SYSTEMS", the Marine Technology Society, Washington, D.C., 1998.

6) 조경남, 류민철, "우리나라의Subsea Plant 기술개발계획", 해양플랜트 Oil&Gas seminar, 태성에스엔이, 2012.

7) 김현진, "해양 생산설비 Topside Process 개요", 해양플랜트 Oil&Gas seminar, 태성에스엔이, 2012.

8) 이판묵, 김태형, 신승식, "해양자원개발을 위한 해저플랜트 및 수중작업 기술 개발 기획", 해양과학기술협의 2011 공동워크샵, 해양과학기술협의회, 2011.

9) 해양장비설계 강의 자료, 서울대학교 조선해양공학과 수업자료, 2011.

10) 한국플랜트건설연구원, 석유 시추작업 및 시추선의 이해 요령, 2011.

11) http://www.offshoremoorings.org/moorings/2005/overview/Resultc.html

12) http://www.weeksmarine.com/node/500

13) http://info.smithmeter.com/literature/docs/SB0A016A5.pdf

14) http://www.gastecheng.com/p_desalters.php

15) http://www.radoil.com/bop-stack-safety-upgrades.php

16) http://en.wikipedia.org/wiki/Christmas_tree_(oil_well)

17) http://www.ciberacores.pt/rebikoff/historia_e.html

4

CHAPTER

# 해양 장비 기초 이론

본 장에서는 석유/가스 생산 관련 해양플랜트 산업에서 필요로 하는 석유 탐사에 대한 기초 지식, 플랫폼 설계에서 필요한 해양파에 의해서 플랫폼이 받는 힘을 계산하기 위한 지식, 수중에서 활용도가 높은 소나를 활용하기 위한 기초 지식을 설명하여 해양장비에 대한 기초 이해도를 높이고자 한다.

## 4.1 수중음향이론

각종 해양플랜트 플랫폼을 안정적으로 운용하고 경제적 성과를 높이기 위해서 수중에서 각종 작업이 필수적이다. 물로 이루어진 수중 환경은 공기와 달리 전자파의 감소가 매우 크게 일어나기 때문에 빛을 필요로 하는 광학 장비나, 전자파를 이용한 전자 장비 사용이 매우 제한적인 환경에서만 가능하다. 따라서 석유 매장 가능성이 높은 지역을 탐사하거나, 설치된 해양플랜트 안정성을 위한 검사 작업을 수행할 때 전자파를 이용한 장비를 사용하는 대신 수중 음향 이론을 기반으로 개발된 음파를 이용한 장비를 사용하여만 한다. 음파는 전자파에 비해서 공기 중에서는 도달 거리가 짧고 속도가 매우 느려서 특수한 경우 이외에는 잘 사용되지 않고 있지만, 수중에서는 공기에 비해서 빠른 속도와 낮은 에너지 손실율로 전자파를 대신하여 사용할 수 있다. 본 절에서는 소나(SONAR)와 같이 음파를 이용하는 해양장비에 대한 이해도를 높이기 위하여 수중음향학에 대한 기초 이론을 소개한다.

### 4.1.1 음파 (Sound wave)

음파는 물과 공기 등과 같은 elastic medium에서 발생하는 압력의 주기적 변화로 발생하는 에너지 전달 현상이라고 정의할 수 있다. 따라서 음파도 파장(wave)의 일종으로 크기(amplitude)와 주파수(frequency) 변화가 없이 압력이 전달되게 된다. 이러한 음파를 수학적으로 표현하기 위해서 다음과같은 방법으로 표현하게 된다.

유체 속에 존재하는 음파는 음원으로 관측 지점까지 작은 변동이 전달된다는 것은 경험적으로 알려져 있다. 전달 속력(propagation speed)는 유한하다는 점에서 전달 시간과 전달 공간 사이에 밀접한 연관성이 있을 것을 추측할 수 있다. 이러한 관점에서 한 방향 즉 1차원으로 진행하는 음파를 다음과 같이 압력에 대한 함수로 표시할 수 있다.

$$p \approx g(t-\frac{x}{c}) \tag{4.1}$$

$p$는 음압(sound pressure), $c$는 음파 전달 속력 이며 $g$는 일반적 함수이다. 위 식이 가지고 있는 의미는 전달 시간 즉 $t$가 변하면 전달 공간 $x$가 변화하면서 함수의 argument가 일정하게 유지되면서 함수 $g$가 일정하다는 사실이다. 이러한 사실로부터 음파는 음원에서부터 계속하여 자신의 형상을 유지하면서 전달되는 사실을 확인할 수 있다. 식(4.1)을 이용하여 1차원 진행 음파에 대한 수식을 유도할 수 있다. 식 (4.1)을 정리하면 식 (4.2)을 얻을 수 있다.

$$\frac{\partial p}{\partial x}=\frac{1}{c}\frac{\partial p}{\partial(x/c)}=-\frac{1}{c}g'=-\frac{1}{c}\frac{\partial p}{\partial t} \tag{4.2}$$

식 (4.2)에 다시 양변에 $x$에 대해서 편미분을 하면 다음과같이 정리 할 수 있다.

$$\frac{\partial^2 p}{\partial x^2}=-\frac{1}{c}\frac{\partial^2 p}{\partial t\,\partial x}=-\frac{1}{c}\frac{\partial^2 p}{\partial t\,\partial(x/c)} \tag{4.3}$$

$$\frac{\partial^2 p}{\partial x^2} - \frac{1}{c^2}\frac{\partial^2 p}{\partial t^2} = 0 \tag{4.4}$$

식 (4.4)을 살펴보면, 식 (4.1)에서 $t \pm \frac{x}{c}$인 형태이면 식 (4.4)이 성립하는 것을 확인할 수 있으면 이러한 성질을 이용하면 대수적 더하기가 가능하다는 사실을 확인할 수 있다.

3차원 음파에 대해서 1차원 진행 음파와 비슷한 방법으로 접근하면, 음파에 대해서 다음과 같이 정리할 수 있다.

$$p \approx \frac{g(t - \frac{r}{c})}{r} \tag{4.5}$$

식 (4.5)에서 $r$은 음원까지 거리을 나타내며, 에너지 보전(energy conservation) 관점에서 보면 $p^2 r^2 = constant$ 이라고 할 수 있기 때문에 음압은 거리에 반비례한다고 볼 수 있다. 식 (4.2)을 구하는 방법과 비슷한게 식 (4.5)을 $r$에 대해서 편미분을 취하여 정리하면 아래 식을 구할 수 있다.

$$\frac{\partial\,(rp)}{\partial\, r^2} = \frac{1}{c^2}\frac{\partial\,(rp)}{\partial\, t^2} \tag{4.6}$$

식 (4.6)은 원통형 좌표계에서 표현 가능한 각도 변화에 독립적인 음압 관계식이다. 식 (4.4)와 식 (4.6)은 결국 다음과같은 Laplace 방정식에 대한 특별한 경우라고 할 수 있다.

Laplace 방정식은 시간과 공간에 대한 포텐셜을 보여주는 공식이라는 점에서 공간적 방향(spacial direction)과 시간적 방향(tempery direction)이 연관성이 있어야 한다는 점을 보여 주고 있다.

$$\nabla^2 P = \frac{1}{c^2}\frac{\partial^2 P}{\partial t^2} \tag{4.7}$$

식 (4.7)을 유도하기 위해서는 압축성 유체 동역학(compressible fluid dynamic)에 대한 기초 지식이 필요하다. 즉 유체에 대한 질량보전법칙(consevation of mass), 모멘트 보전 법칙 (conservation of momentum), 에너지 보전 법칙(conservation of energy), 상태 방정식(equation of state)에 관한 기초 지식을 이용하여야 하는데, 전술한 법칙을 이용하여 음파의 방정식을 유도하는 것은 본 책의 주 독자로 삼은 학부 1,2 학년 학생에게는 적합하지 않기에, 본 책에서는 상세하게 다루지 않는다. 관심이 있는 독자는 참고 문헌(Kinsler et. al, Urick)을 참고하기를 권한다. 전술한 여러 가지 유체 관련 이론 중에서 본 책에서는 유체에서 발생하는 압력이 여러 개의 압력의 합으로 표현될 수 있다고 가정하여 진행한다. 이러한 가정을 고려할 때 유체 압력은 다음과 같이 표현 할 수 있다.

$$P = p_0 + p_1 + \cdots$$

위 식에서 $p_0$은 바다 환경에 의해서 발생하는 압력이며, $p_1$은 소리에 의해서 발생하는 음압을 표시한다.

실제로 음파를 이용할 때 많은 경우 단일 주파수로 된 음파를 이용하기 때문에, 식 (4.7)에 대한 해답을 구할 때는 하나 주파수가 존재하는 조화 함수(harmonic function) 형태로 접근하면 계산이 용이하게 된다. 이에 본 책에서는 단일 주파수를 가지고 있는 음파를 $\cos(2\pi ft) = \cos(\omega t)$로 표현하여서 사용한다. 이때 $\omega$는 각 주파수(angula frequency)를 나타낸다. 이 때 주파수가 1초에 몇 번 진동하였는지 측정한 것이라면, 각 주파수는 한 주기 ($2\pi$) 안에서 몇 번 진동하였는지를 측정한 것이라고 할 수 있다.

식 (4.7)에 대한 해가 조화 함수라고 가정하면, 다음과 같이 표현할 수 있다.

$$\begin{aligned} p_1 &= m\cos\left[\omega(t - \frac{x}{c})\right] \\ &= m\cos[\omega t - kx] \end{aligned} \tag{4.8}$$

식 (4.8)에서 $k = \dfrac{\omega}{c} = \dfrac{2\pi}{\lambda}$로 파수(wave number)로 한 주기 ($2\pi$) 안에 몇 파장이 들어가 있는지 표현하는 수이다. 식 (4.8)을 다시 쓰면 다음과 같이 복소수에 대한 표현

으로 사용할 수 있다.

$$p_1 = Re\left(me^{-i(\omega x - kt)}\right) \tag{4.9}$$

식 (4.9)을 식 (4.7)에 대입하면 다음과같은 Helmholtz 방정식을 구할 수 있다.

$$\nabla^2 p_1 + k^2 p_1 = 0 \tag{4.10}$$

일반적으로 바다에서 음파를 측정하는 청음기 (hydrophone)은 제곱 형태의 값으로 측정하고 있는데 식 (4.9)와 같이 복소수 형태로 음파를 표현하면, 곱셉을 할 때 복소수 특징 상 부호 등에서 문제가 발생할 수 있다. 이러한 문제를 방지하기 위하여 결레 복소수(conjugate complex number)를 이용하여 mean square pressure을 정의하여 사용하는 것이 많은 잇점을 가지고 온다.

$$\begin{aligned}\left\langle Re(p_1^2)\right\rangle &= \frac{1}{2}\int_0^{2\pi} m^2\cos^2(\omega t - kx)d(\omega t) \\ &= \frac{m^2}{2}\end{aligned} \tag{4.11}$$

$$p \equiv \frac{m^2}{2} = \frac{m}{\sqrt{2}}\frac{m^*}{\sqrt{2}} = \frac{p}{\sqrt{2}}\frac{p^*}{\sqrt{2}} \tag{4.12}$$

$$p_{rms} \equiv \frac{p_1}{2} \tag{4.13}$$

Intensity는 음파 이외에도 전자기파 등 분야에서도 파장이 가지고 있는 파워를 표시하기 위하여 많이 사용되고 있는데 압력이 단위 면적 당 작용하는 힘을 정의하는 것과 같이 intensity는 단위 면적 당 작용하는 파장이 가지고 있는 파워로 정의할 수 있다.

$$I = \frac{d}{dt}(F \cdot s) = pV \tag{4.14}$$

음향 intensity는 다음과 같이 정의할 수 있다.

$$\vec{I}(t) = Re(p_1)Re(\overrightarrow{V_1}) \tag{4.15}$$

이 때 $\vec{v}$는 본 책에서는 언급하지 않은 모멘텀 보전 법칙 결과인 아래 식을 이용하여 구할 수 있다.

$$\rho_0 \frac{\partial v}{\partial t} = -\overrightarrow{\nabla} p$$

자세한 intensity 계산 과정은 본 책의 범위를 넘어감으로 생략하고 결과를 정리하면 아래 식과 정리할 수 있다.

$$\langle \vec{I} \rangle = Re(pv^*) \tag{4.16}$$

식 (4.16)을 이용하여 음파가 공간에 따라서 전달하는 에너지를 표현하면, 다음과 같이 표현할 수 있다.

$$W = \int_s \langle \vec{I} \rangle ds \tag{4.17}$$

이때 적분 영역 $s$은 음파가 전달되는 공간에 대한 표면적을 나타낸다.

### 4.1.2 대수 계산(Logarithm)

수중에서 사용되는 음파는 앞 절에서 살펴보았듯이 음원의 초기 압력에 비례하며 거리에 반비례하면서 감소하는 식으로 표시되는 압력으로 정의할 수 있다.

압력은 기본적으로 단위 면적 당 작용하는 힘이기 때문에 그 단위가 너무 크거나 작기 때문에 실제로 음파의 절대적 크기를 표시하는 것은 큰 문제가 없지만, 사람이 인식할 수 있는 일반적 표시로 많은 어려움을 가지고 있다. 즉 음압(소리의 압력)이 2배가 됐다고 하여도 사람이 느낄 때에는 그 소리가 2배로 느껴지지 않고, 10배가 됐었을 때 2배로 느끼게 된다. 즉 사람이 소리를 인지할 때 log scale로 느끼게 된다. 이러한 이유에서 사람이 느끼대로 소리를 표시하는 방법으로 현재 많이 사용하고 있는 것이 log 계산으로 통해서 구할 수 있는 데시벨(dB)이다. 데시벨은 기본적으로 비교가 되는 기본값에 대한 비(ratio)로 계산하며 그 계산 방법을 수식으로 표현하면 다음과같다.

$$Level = 10\log\frac{value_1}{value_{ref}} \tag{4.18}$$

여기서 $value_{ref}$ = 기준값

$value_1$ = 계산 원하는 값

이러한 데시벨 계산을 음압에 적용하여 구한 값을 음압레벨 (sound pressure level:SPL)이라고 하는데, 음파에서는 음압 자체 보다는 음파를 통하여 전달되는 에너지를 보다 중요하게 생각하기 때문에, 음압의 RMS(root mean squre)을 을 기본으로 사용하여 계산한다.

$$SPL = 10\log\left(\frac{P}{P_{ref}}\right)^2 = 20\log\frac{P}{P_{ref}} \tag{4.19}$$

이때 $P_{ref}$는 수중과 공기 중에서 값이 다르며 수중에서 $1\mu Pa = 10^{-6}Pa$을 사용하고 있다.

SPL 이외에도 여러 가지 데시벨 값을 이용해서 실제 수중 음향에서는 음압을 표시하고 있으며 수중에서 음향을 측정하는 장비인 청음기(hydrop에서 표시하는 음압 기준으로 사용되고 있다.

## 4.1.3 서로 다른 두 유체 경계면에서 반사

공기와 물 경계면과 같이 임피던스가 변하는 2개의 유체 사이 평면에서 파장이 반사 또는 투과하는 것은 보통 스넬의 법칙에 의해서 결정된다고 알려져 있다.

즉 입사각에 따라서 반사와 투과 여부가 결정되는 것이다. 음파도 파장의 일부이기 때문에 스넬의 법치에 의해서 반사와 투과가 결정 난다. 본 절에선 앞 절에서 구한 음압으로 표현한 음파 방정식을 이용하여 스넬의 법칙을 설명한다.

그림 4.1과 같이 조화 함수로 표현되는 평면 음파가 경계면에 대해서 grazing angle로 $\theta$로 입사한다고 가정하자. 식 (4.10)으로부터 조화함수로 표현되는 음파가 다음과 같은 Helmholtz 방정식으로 표현될 때 이에 대한 압력을 x, z 방향으로 분리하여 구할 수 있다.

$\nabla^2 p_1 + k^2 p_1 = 0$을 만족하는 음파를 다음과 같이 표현할 수 있다.

$$p = X(x)Z(z) \tag{4.20}$$

여기서 $X(x), Z(z)$는 x,z 축 방향으로 각각 음압을 표현한 함수이다.

위 식을 이용하여 Helmholtz 방정식에 대한 해를 구하면 다음과 같은 해를 구할 수 있다.

$$\frac{1}{X}\frac{d^2X}{dx^2} + \frac{1}{Z}\frac{d^2Z}{dz^2} + k^2 = 0 \tag{4.21}$$

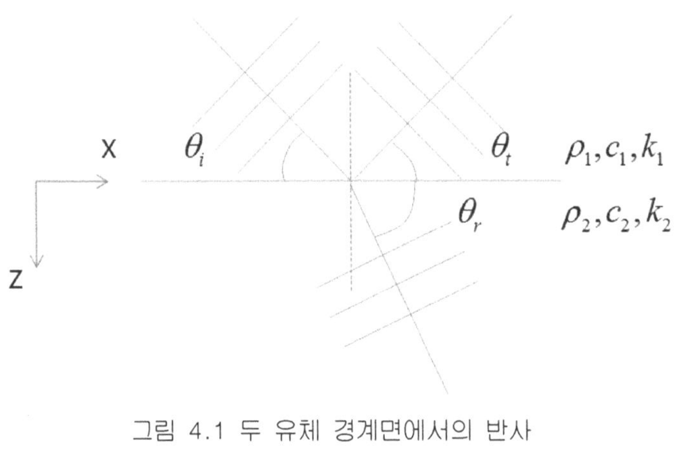


그림 4.1 두 유체 경계면에서의 반사

또는

$$\frac{1}{X}\frac{d^2X}{dx^2}+a^2=0 \text{ and } \frac{1}{X}\frac{d^2X}{dx^2}+k^2-a^2=0 \tag{4.22}$$

2차 미분방정식의 해를 구하면 x,z 축 방향으로 음압을 표현하는 함수를 다음과같이 구할 수 있다.

$$X=\exp(\pm iax), Z=\exp(\pm i\sqrt{k^2-a^2}) \tag{4.23}$$

이 때 입사면에서 파수를 $k_1$이라고 하면 기하학적 관계에 의해서

$$k_x=k_1\cos\theta, k_z=k_1\sin\theta=\sqrt{k_1^2-a^2} \tag{4.24}$$

으로 정의할 수 있다. 이를 이용하여 입사파, 반사파, 투과파를 구하면 아래 식과 같다.

$$P_i=A\exp(i(k_1\cos\theta_i x+k_1\sin\theta_i z-\omega t)$$

$$P_r=AR\exp(i(k_1\cos\theta_r x-k_1\sin\theta_r z-\omega t) \tag{4.25}$$

$$P_t=ATexp(i(k_2\cos\theta_t x+k_2\sin\theta_t z-\omega t)$$

입사면과 반사면의 경계면 즉 $z=0$에서는 연속성 유지를 위해서 입사파, 반사파, 투과파의 성질이 모두 동일해야 하기 때문에 x 축 방향의 전파 속도가 동일해야한다.

$$\frac{\omega}{k_1\cos\theta}=c_x=\frac{c}{\cos\theta} \tag{4.26}$$

식 (4.23)에서 다음과 같은 결과를 유도할 수 있다.

- 반사각과 입사각 관계 $\theta_r=\theta_i$
- 스넬의 법칙 $\dfrac{\cos\theta_i}{c_1}=\dfrac{\cos\theta_t}{c_2}$

# 4.2 석유/가스 시추 및 정제 이론

## 4.2.1 석유 생성 과정과 유전 구조

석유(Petroleum)라는 명칭은 그리스어와 라틴어 Petra(바위 또는 돌)와 Oleum(오일)에서 유래하였으며 독일의 광물학자인 아그리콜라(Georgius Agricola)가 1556년 석유의 회수, 정제에 대한 책을 서술하면서 처음 사용한 말이다.

석유는 천연적으로 생성되는 액체 탄화수소의 혼합물로, 여러 종류의 탄화수소를 주성분으로, 황, 질소, 금속 등을 미량으로 함유하고 있으며, 불순물로 수분과 가스를 함유하고 있다. 보통의 경우 유정에서 채취한 석유를 원유(Crude oile)이라고 하며 원유를 수출 또는 정유공장으로의 이송에 앞서 보통 간단한 처리를 거쳐 수분과 가스분을 제거하는데 이를 석유(Petroleum)라고 부른다.

석유 발생 원리는 무기 성인설과 유기 성인설로 나누어져 있는데 무기성인설은 지하의 금속탄화물과 물이 고온고압 하에서 반응하여 탄화수소가 되었다는 이론과 지하에서 탄화수소, 물, 황 등이 섞이면서 고온고압으로 반응하여 탄화수소가 발생했다는 이론으로 나누어져 있는데 무기질에서 석유가 발생하였다는 이론이다. 이에 비해 유기성인설은 태고에 지하에 매몰된 유기물이 지열과 지압, 토양의 촉매작용으로 탄화수소로 변성했다는 이론이다. 현재 과학에서는 무기질에서 석유가 발생하였다는 무기성인설 보다는 탄수화물인 유기질에서 석유가 발생하였다는 유기성인설을 유력한 학설로 보고 있다. 그 이유는 현재 발견되고 있는 석유 대부분이 옛날 얕은 바다이거나 호수 바닥에서 생성되는 지층에서 발견되고 있으며, 석유에는 질소와 황등이 불순물로 포함되어 있는 이는 단백질에서 분해되어 나오는 성분들이다. 또한 석유는 광학적 특성으로 편광이 통과되면서 편관명이 회전하는 선광성(旋光性)을 지니고 있는데, 이는 화학적으로 합성된 탄화수소에는 없는 성질로 유기물에서 발견되는 성질이기 때문이다.

이러한 유기성인설 관점에서 석유 생성 조건을 정리하면 다음과 같다.

- 유기물을 함유한 퇴적암이 널리 발달하여 큰 퇴적 분지가 형성
- 적절한 온도와 압력에 의해 화학변화가 진행되어야 함
- 석유층이 생성되는 사암이나 석회암이 존재
- 지각의 변도에 의해 석유가 고이기 쉬운 지층 구조를 이루어야 함

위 조건 모두가 동시에 성립을 해야 하기 때문에 석유가 생성될 수 있는 지역은 매우 한정되어 있어 세계 각 국이 석유를 확보하기 위해서 많은 노력을 경주하고 있다.

유기 성인설 관점에서 석유 생성 과정을 정리하면 다음과같이 정리할 수 있다.

- 바다에 사는 미생물과 조류가 죽은 후 이질 퇴적물과 함께 해저에 집적
- 부패되지 않은 유기물은 그 뒤에 쌓이는 퇴적물에 의해 덮여 지하로 매몰
- 지하로 매몰됨에 따라 유기물 함유 이질퇴적물은 열과 압력을 받으면서 물리화학적 작용을 통해 석유물질로 변화
- 수 백 년에 걸쳐 점진적으로 생성된 석유는 압착되어 더 조립질인 암석으로 이동
- 지하수의 압력에 의하여 석유가 상부의 공극을 가진 지층을 통해서 점점 더 높은 곳으로 이동
- 이동 중 치밀한 지층에 가로 막혀서 더 이상 이동이 멈출 때까지 이 과정이 서서히 이루어짐

그림 4.2는 석유 생성 과정을 표현하고 있다.

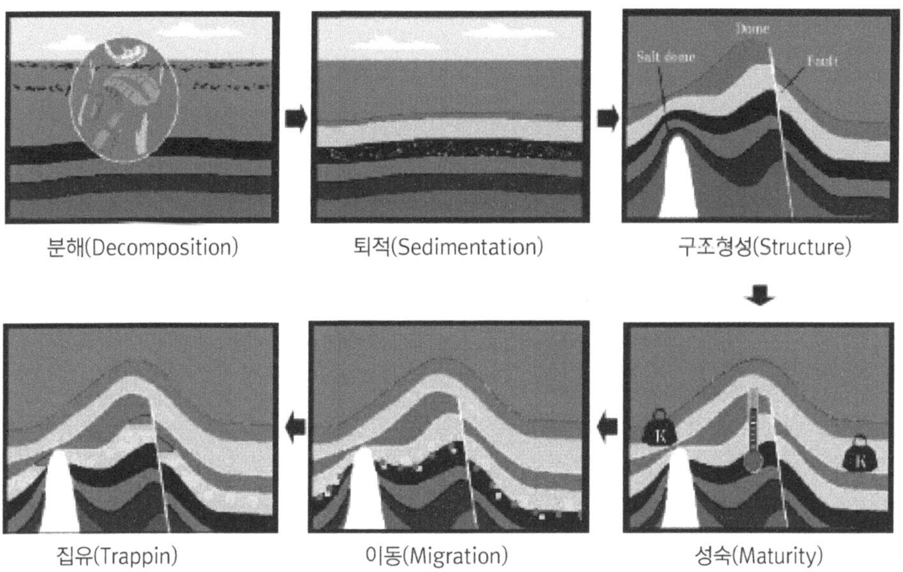


그림 4.2 석유생산과정

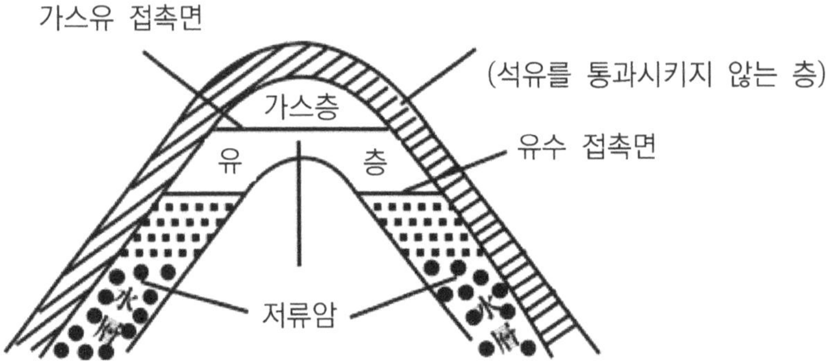


그림 4.3 석유 광상의 구성

그림 4.2의 과정을 거쳐서 생성된 석유가 존재하기 지층을 석유 광상이라고 하는데 석유 광상은 아래 4가지 조건이 존재해야 한다.

저류암은 틈이 많은 사암이나, 틈새가 많은 석회암과 같은 다공질 암석으로 석유를 포함하고 있는 암석이며, 덥개암은 생성된 석유가 지상으로 올라가지 않도록 막아 줄 수 있는 불투수성이거나 공극이 없는 암석으로 덥개암이 유전 생성에 매우 중요한 역할을 한다.

트랩(Trap)은 저유암과 덥개암이 모두 존재하여 석유가 매장되어 있을 만한 지질 구조이다. 석유가 물보다 비중이 작기 때문에 만약 석유와 물이 동시에 존대하면 항상 석유가 물 위에 뜨는 형태가 이루지고 석유 생성 조건에서 언급한 지하 압력이 지속적으로 석유를 지상 방향에 큰 힘을 작용하고 있다. 트랩은 이와 같은 강한 압력을 견디면서 석유가 다른 지층으로 빠져나가지 않도록 붙잡아 놓을 수 있어는 구조이여야 한다.

석유가 존재할 수 있는 구조인 트랩은 구조 트랩, 층위 트랩, 콤비네이션 트랩으로 분류할 수 있다. 구조트랩은 대표적으로 배사 트랩을 들 수 있는데, 배사 트랩은 퇴적 당시에는 수평이었던 지층이 뒤에 지각의 습곡작용과 암염돔의 밀어올림과 같은 지각의 변동으로 밀리고 구부러져 생겨난 아치 모양의 구조이다. 현재까지 발견된 대부분의 석유는 배사 트랩에서 발견되어 지고 있다. 다른 구조 트랩으로 단층트랩과 관입 트랩을 들 수 있는데, 단층 트랩은 단층에 의해 저류층 지층이 절단되고 그 절단부를 정점으로 석유가 집적된 구조이며 관입트랩은암염과 용암이 지층에 관입하여 단층트랩과 마찬가지 방법으로 형성된 구조 트랩이다.

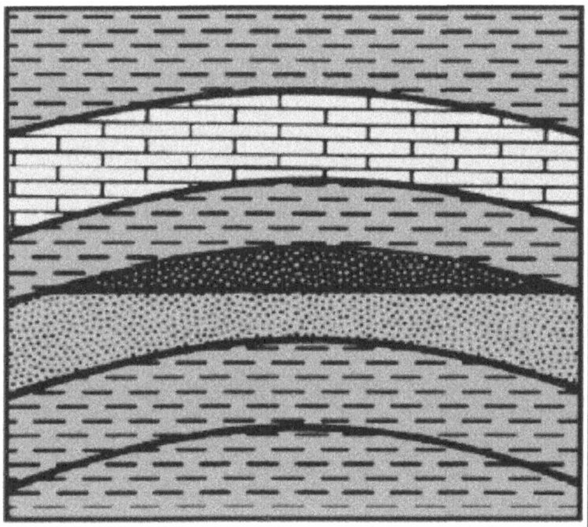

그림 4.4 구조 트랩

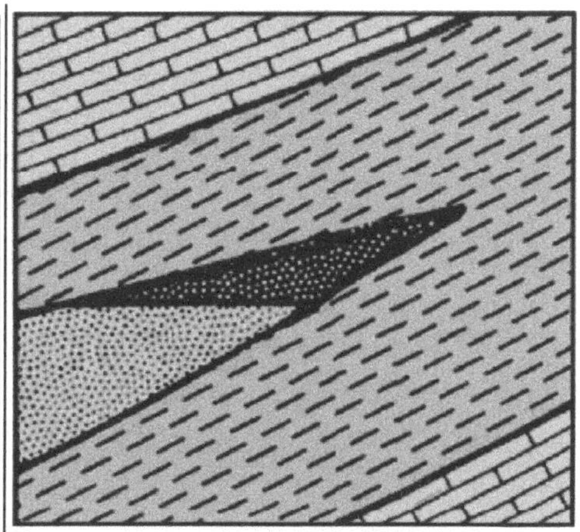

그림 4.5 첨감 트랩

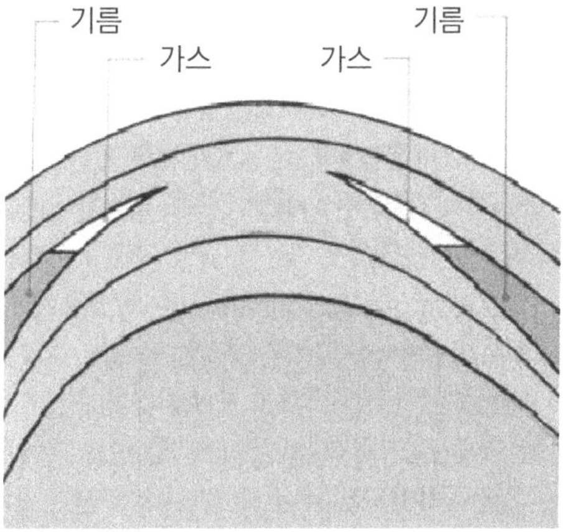


그림 4.6. 콤비네이션 트랩

층위트랩은 석유나 가스의 집적을 일으키는 지질 조건이 주로 퇴적작용에 의해 형성된 구조로서 첨감 트랩, 부정합 트랩, 침투율 트랩으로 구분된다. 각 트랩에 대한 특징은 다음과 같다.

- **첨감(尖減)트랩** : 저류층의 지층이 퇴적될 때의 어떤 사정으로 지층 끝이 쐐기모양으로 가늘어지고 여기에 석유가 집적된 구조
- **부정합트랩** : 지층의 퇴적작용이 일시 중지되어 생긴 공간에 석유가 집적된 구조

- **침투율트랩** : 공극이 있는 저류암 지층의 위쪽이 치밀한 암석의 지층으로 변화하면서 석유의 이동이 막혀 집적된 구조

콤비네이션 트랩은 전술한 구조트랩과 층위트랩이 혼합되어 만들어진 트랩이다.

## 4.2.2 석유 탐사 작업

석유 탐사 작업은 지질 조사 및 지구 물리 탐사를 실시하여 석유의 생성, 이동, 집적 가능성이 높은 유망 구조를 파악하여, 시추 탐사 작업을 통하여 석유 부존 여부를 확인하는 과정이라고 할 수 있다.

석유 부존을 위해서 필수적 요소를 정리하면 다음과같이 정리할 수 있다.

- 근원암: 석유 및 가스를 생성할 수 있는 유기물을 함유한 암석
- 저류암: 탄화 수소 보존에 적합한 암석
- 트랩: 저류암내에 탄화수소를 포획, 저장할 수 있는 구조
- 덮개암: 포획된 석유가 새나가지 않도록 차폐

이를 보다 세밀하게 정리하면 다음과 같이 된다.

- 근원암
  - 50℃~150℃ 석유, 150℃ 이상 가스 생성
  - 셰일, 석회암 등 퇴적암

- 저류암
  - 사암, 석회암, 파쇄된 기반암 등

- 덮개암
  - 탄화수소의 누출을 막아주는 치밀한 암석
  - 셰일, 증발암 등

- 근원암의 성숙도
  - 근원암에서 탄화수소가 생성되기 위해서는 열과 압력 필요
  - 약 지하 2~3 km의 심도에서 주로 석유가 생성

- 탄화수소의 이동
  - 탄화수소는 근원암에서 탈출하는 1차 이동 과정과 궁극적으로 트랩 내 저류층으로 이동하는 2차 이동으로 구성
  - 1차 이동 : 근원암내에 pore pressure 증가로 인한 균열을 통해 이동(360도 방향으로 이동 가능)
  - 2차 이동: 밀도차에 의한 부력으로 이동(상부로만 이동)
- Timing
  - 탄화수소의 이동시기와 구조형성시기의 적절성
  - 구조는 반드시 탄화수소의 이동이전에 형성되어야 함

탐사 작업은 지질 조사, 물리탐사를 통하여 석유 부존을 위한 각종 조건을을 확인하는 작업이라고 할 수 있다.

### 1) 탐사 방법

탐사 작업에서 수행하는 탐사 방법은 크게 지표지질조사(Surface Geology)와 물리 탐사로 구별할 수 있다.

지표지질조사는 육상 또는 해상의 지질 및 석유퇴적학적 환경을 조사, 분석하여 석유의 생성, 이동, 매장 여부와 가능성을 판단하는 조사로서 지하지질구조 및 석유부존 가능성을 예측하는 작업이라고 할 수 있다. 이를 위하여 원격탐사 결과 인지된 지형과 이와 관련된 지하 지질구조를 암시하는 습곡, 단층, 균열대등을 직접 탐사하며 수행한나. 지질학자들의 현장답사 결과 확보된 각종 지질 정보와 각종 조사 보고서 및 도면등을 활용하여 충분한 지표지질 탐사 작업을 수행한다.

물리탐사는 중자력 탐사 및 탄성파 탐사를 통하여, 지하의 암석분포나 퇴적분지의 존재여부 판단을 통한 석유부존 가능성이 높은 유망구조를 도출하는 작업이라고 할 수 있다.

중자력 탐사(gravity & magnetic survey)는 지구 자체가 지니고 있는 중력장과 자력장이라는 물리적 현상을 토대로 하여, 지하에 분포하는 암석의 밀도가 중력과 자력의 변화를 가져오는 것을 이용한다. 탐사 대상지역에서 국지적인 중력 또는 자력의 이상변화를 측정하여 퇴적암, 화성암과 같은 지하의 암석 분톼 퇴적 분지 존재 여부를 판단하는 탐사 방법이다. 탐사는 항공기 또는 탐사선을 이용하여 넓은 영역에 대하여 수행한다.

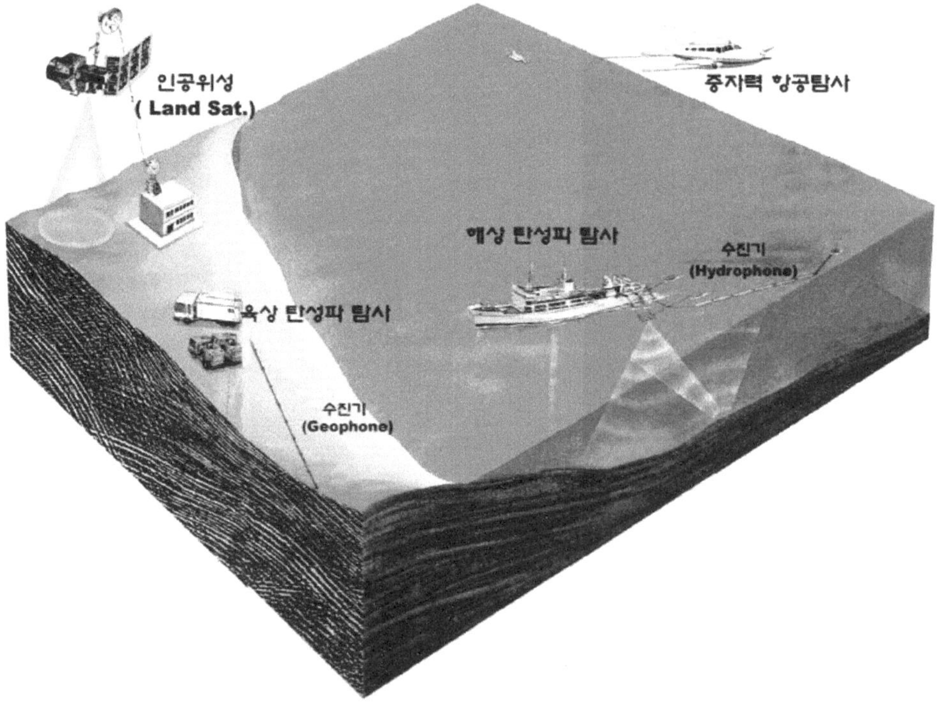


그림 4.7 물리 탐사 방법

탄성파 탐사(Seismic Survey)는 지표 또는 해상에서 인위적으로 음파를 발사하여 지하지층의 경계면에서 반사되어 돌아오는 반사파를 기록하고 자료전산처리 및 해석 작업을 거쳐, 석유부존 가능성이 높은 유망구조 도출하는 작업이다. 탄성파 자료취득 장비는 크게 탄성파를 발생시키는 음원(Source), 탄성파 신호를 수진할 수 있는 수신기(Receiver) 및 자료를 처리하여 저장하는 시스템 장비로 구성된다.

## 2) 탐사 자료 처리 및 해석

탄성파 탐사장비에 의해 발생된 탄성파신호는 지하내부를 주행하다 지하구조 경계면을 만나면 반사되어 지표로 돌아오지만 이 신호는 지하구조를 알 수 없는 형태로 수신되기 때문에 지구물리학적 처리를 거쳐 지하구조를 영상화하는 작업이 필요하게 되는데, 이러한 일련의 작업을 자료처리라 한다.

자료 처리 작업을 통해서 수집된 자료를 토대로 지하 내부의 형태를 이미지화하여 저류층 및 모암의 존재가치 확인할 수 있으며, 지층에 대한 구조해석,유망구조 도출, 매장량 평가, 위험도 분석, 시추위치 선정 등을 수행하게 된다.

### 3) 석유 시추

석유 시추 작업은 탐사 자료 처리 및 해석에 따라서 석유의 매장이 예상되는 지역에 대해서 직접 굴착하여 석유 검층작업이나 산출시험을 통해 석유 존재여부를 확인하고, 나아가 경제성 있는 저류층으로부터 석유를 회수할 목적으로 유정을 굴착하는 과정이다. 시추 작업은 석유 존재를 알아내기 위한 탐사정 시추, 발견된 석유에 대한 평가 작업을 하기 위한 평가정 시추, 실제 생산을 위하여 시추하는 생산정 시추로 나눌 수 있다. 즉 탐사정 시추는 탄성파탐사에 의해 찾아내 석유가 존재할 가능성이 높은 유망구조에 대하여 굴착작업, 물리검층, 산출시험 등을 통하여 석유부존 여부 확인 및 산출능력을 평가하는 작업을 수행하는 것이다. 평가정 시추는 원시매장량을 확인·예측하기 위한 작업이다. 생산정 시추는 앞서 유정 건설을 다루는 장에서 설명하였기에 설명을 생략하고 탐사정 시추에서 수행하는 물리 검층과 산출 시험에 대해서 간략하게 설명한다.

### 4) 물리검층

시추공내 측정장비를 투입하고 지층에서 자연적으로 발생되는 물리현상이나

인공적으로 파(음파, 중성자, 전자, 감마선)를 발사하여 이에 대한 반응을 기록하여 해석하는 작업으로 암석내에는 암석구성 입자간에 공극(空隙)이 존재하며, 공극 내에는 석유, 가스, 눌로 새워져 있어서 암석 구성 물질과 공극이 전기적·물리적 자극에 서로 다른 반응을 보이는 현상을 이용해서 석유가 존재할 수 있는 서류 구간에 대한 물리적 특성을 판단한다.

물리 검층 작업 중 목적과 방법을 정리하면 다음과같다.

- 암상판별: 검마검층, 자연전위검층
- 공극율 측정: 음파검층, 밀도검층,중성자검층
- 수포화도 측정: 비저항검층
- 기타: 경사검층, 압력측정, 시멘트 본드검층 등

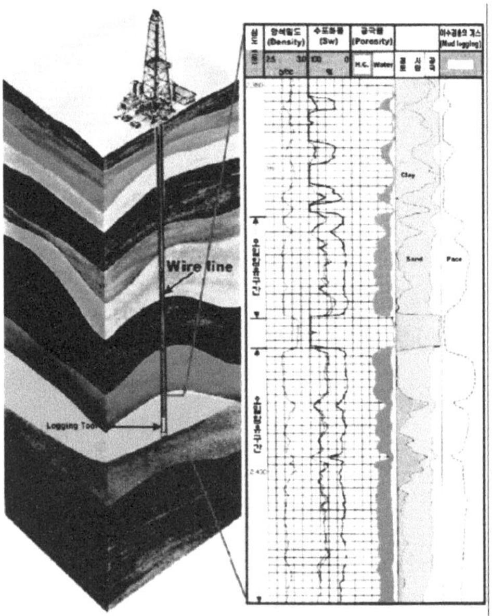


그림 4.8 물리 검층 개념도

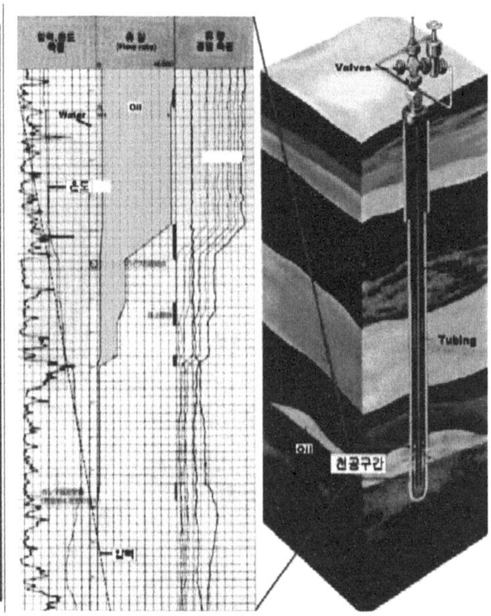


그림 4.9 산출 능력 시험 개념도

산출시험은 시추작업 중 이수검층 및 물리검층 등에 의해 탄화수소가 있는 것으로 확인된 층에 대하여 그 층의 생산능력 시험을 확인하기 위하여 시추관의 하부에 특수한 밸브와 패커를 붙여서 시추관을 강하시켜 층의 산출능력을 시험하는 방법이다.

산출 시험을 통해서 지층압력 및 생산량을 측정하고 저류층 유체 시료를 채취하여 유정의 생산능력 및 저류암과 저류층 유체의 특성 파악하며 시험 자료에 대한 압력 분석 및 물질수지법 등을 통하여 매장량 평가 및 향후 생산 예측을 위한 저류층 모델 수립에 활용한다.

## 4.3 해양파이론

안전한 해양 플랜트를 설계하기 위해서 미국 석유 협회는고정식 석유/가스 관련 해양 플랜트와 TLP에 대한 해양파에 의한 하중 계산를 위한 지침서를 발간하였며, 세계 주요 선급 중 하나인 노르웨이 선급(DNV)도 해양 플랜트에 대한 설계, 제작 및 검사 작업에서 활용할 수 있는 지침서를 개발 발간하였다. 이처럼 해양파에 의하여 해양플랜트가 받는 힘은 해양플랜트 수명과 운용 성과를 결정하는 중요한 역할을 수행하기 때문에 본절에서는 해양파 자체와 해양파로 발생하는 하중에 대한 이론을 간단하게 소개한다.

해양파(海洋波)는 보통 바람과 해수면 사이의 마찰력에 의해 발생하고 해수 표면의 위치 에너지와 운동 에너지 교환에 의해서 전파되는 중력파가 대부분을 차지하고 있다. 간혹 지진이나 해저화산 폭발, 해양 내부의 압력변동 등에 의해서 해양파가 발생하기도 하는데 지진에 의해 발생한 파도를 츠나미(Tsunami, 津波)라 부른다.

해양파가 가지고 있는 특징은 비규칙적(irregular)이고 무작위적(random)인 형태로 표현되며, 파정이 뾰족하고 바람에 잘 부서진다는 점이라고 할 수 있다. 해양파가 가지고 있는 에너지는 주로 wave breaking과 viscosity에 의해서 소실된다. 바람에 의해서 생겨난 해양파는 아래 그림과 같은 과정을 거쳐서 소멸되며, 생성된 해양파의 크기는 wind speed, duration, fetch, surface area에 의해서 결정된다.

바다에서 발생하는 해양파는 전술한 바와 같이 불규칙적으로 발생하기 때문에 해양파을 수학식으로 표현하기가 매우 힘들다. 그러나 해양파에 의해서 해양플랜트가 받는 힘을 계산하거나, 일정한 조건에서 발생하는 해양파를 예측하기 위해서는 해양파를 수학식으로 표현하여야 한다.

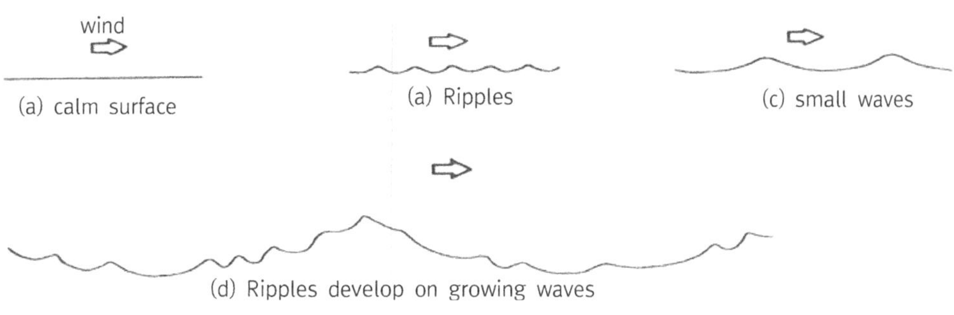


그림 4.10 해양파 생성 과정

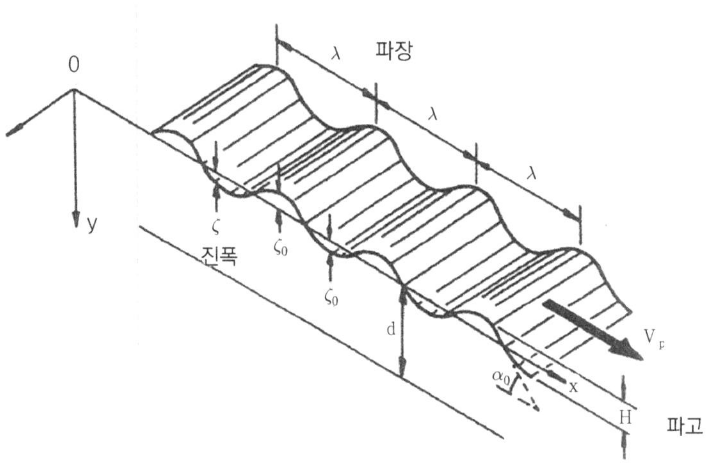


그림 4.11 규칙파 구성

해양파를 수학적으로 표현하기 위해서 해양파가 규칙적으로 발생하고 해양파의 높이 즉 파고(amplitude)가 해양파의 길이 즉 파장(wave length)나 수심(water depth)보다 상당히 작다는 선형화(linearization) 가정을 하게 된다. 이러한 가정에서 구한 파도의 형태는 sine 함수로 표현된다.

규칙파와 선형화 가정에서 해양파를 수학적으로 표현하는 과정은 다음과같이 설명할 수 있다. 해양파 역시 파동(wave)이기 때문에 전술한 음파와 같이 시간과 공간을 동시에 표현하는 미분방정식(Laplace 방정식) 형태로 표현할 수 있다.

$$\nabla^2\phi = \frac{\partial^2\phi}{\partial x^2} + \frac{\partial^2\phi}{\partial y^2} \tag{4.27}$$

이때 자유수면과 해저면 그리고 무한히 먼 곳에서의 경계조건을 만족한다는 가정을 하고 위의 미분 방정식을 풀면 다음과 같은 해를 구할 수 있다.

$$\phi = \frac{Hg}{2}\frac{\cosh ky}{\omega\cosh kh} sin(kx - wt) \tag{4.28}$$

$$u = \frac{\partial\phi}{\partial x}, \quad v = \frac{\partial\phi}{\partial y} \tag{4.29}$$

이때 파형 즉 파도의 높이 변화가 삼각함수 (sine 함수)로 표현된다고 가정하고 파고를 H 라 하면 수면의 형상은 식 (4.30)으로 표시된다.

$$\zeta = \frac{H}{2} cos(kx - \omega t) \tag{4.30}$$

이 때 파 입자의 궤도 운동을 표현하기 위해서는 파 입자의 x축, y축 방향에 대한 속도가 필요하게 되는데 이를 위하여 속도포텐셜을 $x$와 $y$에 대해서 각각 미분하면 유체입자의 $x$ 와 $y$ 방향 속도 성분을 구할 수 있다.

$$\begin{aligned} u &= \frac{H\omega}{2}\frac{\cosh ky}{\sinh kh} cos(kx - wt) \\ w &= \frac{H\omega}{2}\frac{\sinh ky}{\sinh kh} sin(kx - wt) \end{aligned} \tag{4.31}$$

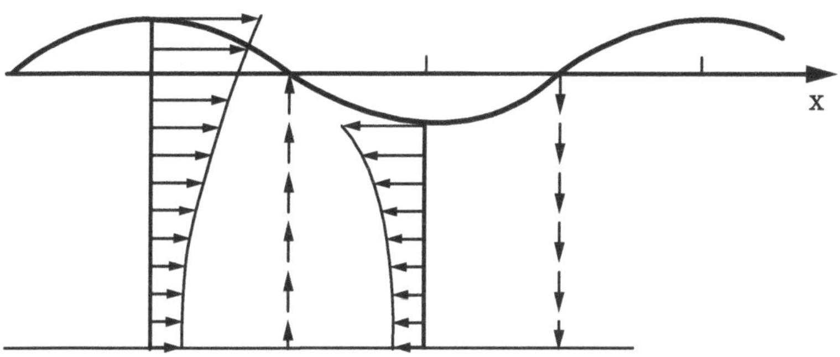


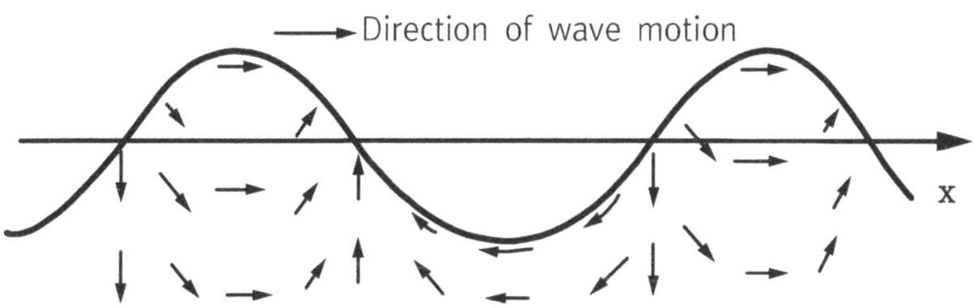


그림 4.12 특정 시각에서의 파 입자 속도

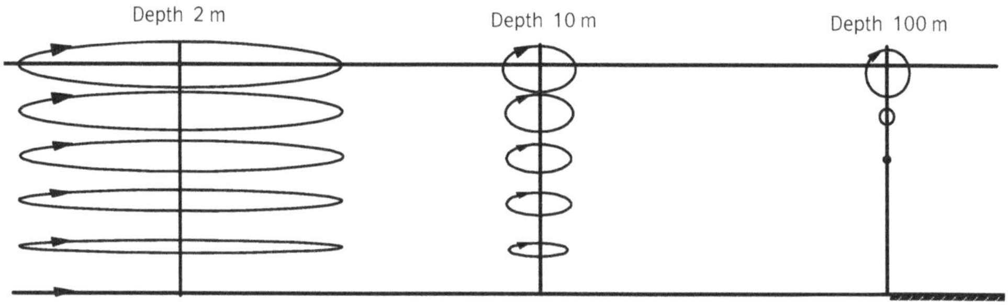


그림 4.13 2차원 규칙파의 궤도 운동

식 (4.31)에서 파정 아래에서는 $u>0,\ v=0$ 이고 파저 아래에서는 $u<0,\ v=0$, 파고가 상승할 때는 $u=0,\ v>0$ 그리고 파고가 하강할 때 $u=0,\ v<0$ 이기 때문에 파입자가 진행하지 않고 제자리에서 회전 운동하는 것을 확인할 수 있다.

속도에 관한 식 (4.31)을 다음과 같은 식 (4.32)를 얻을 수 있다.

$$\frac{u^2}{\cosh^2 ky}+\frac{v^2}{\sinh^2 ky}=\left(\frac{H\omega}{2\sinh kh}\right)^2 \tag{4.32}$$

유한 수심에서의 유체입자의 운동은 타원형 궤적을 이루며 수심이 깊어지면 점점 원형 궤적으로 바뀜을 알 수 있다.

앞에서 구한 속도 포텐셜과 자유 표면 조건을 이용해서 해양파 전파 속도를 구하면 다음과 같은 식을 구할 수 있다.

$$c^2=\frac{g}{k}tanh(kd) \tag{4.32}$$

이때 $k=\dfrac{2\pi}{\lambda}$를 파수 (wave number)라고 정의하고 $\omega=\dfrac{2\pi}{T}$을 파의 진동수 (frequency)라고 정의하고 $c=\dfrac{\omega}{k}$ 관계를 이용하면 식 (4.33) (4.34)와 같은 분산 관계식 (dispersion relationship)을 얻을 수 있다.

$$\omega^2 - gk\tanh kh = 0 \tag{4.33}$$

$$c = \frac{\omega}{k} = \frac{\lambda}{T} = \sqrt{\frac{g}{k} tanhkh} \tag{4.34}$$

이 식을 심해와 천해에 각각 적용하면 해양파 전파 속도는 다음과 같이 정리된다.

$$c = \sqrt{(gh)} \text{ in shallow water} \tag{4.35}$$

$$c = \sqrt{\frac{g}{k}} \text{ in deep water} \tag{4.36}$$

이러한 선형화 가정에서 구한 해양파를 Airy 파라고도 한다. Airy 파는 해양파의 형태를 완전하게 나타내지는 못하지만 파도의 형태를 나타내는 식이 비교적 간단하기 때문에 상세설계에 앞서 해양플랜트에 미치는 파랑하중을 구하는 초기설계에 유용하게 사용되고 있다. Airy 파를 기준으로 하여 해양파의 특징을 정리하면 다음과 같다.

- 표면파 형태 전달
- 유체(매질)의 입자운동
- 파 전달 방향과 수직 방향
- 깊이에 따라서 (제자리에서) 타원운동 또는 원운동
- 수심에 따라서 에너지 감소
- 한 파장 깊이에서 4% ➔ 물고기들은 파도의 영향을 받지 운동

선형파이론에서 사용된 가정이 파의 진폭이 파장에 비해 상당히 작다는 것과 달리 실제의 해양파는 보통 파정(crest)이 가파르고 파저(trough)는 펑퍼짐한 복잡한 형상을 가지고 있어서 선형파 가정이 안 맞게 된다. 이러한 점을 해결하기 위해서 비선형파(nonlinear wave) 혹은 유한한 진폭을 갖는 파이론을 이용하여 해양파를 표현하게 되는데, 가장 널리 이용되고 있는 이론인 Stokes 파이론만 간략히 소개한다.

Stokes 파이론은 실제 해양파에 근접한 형태를 수학적 표현을 하기 위해서 파장이

다른 5개의 sin파를 중첩한 함수를 사용하고 있이를 5차 중력파라고도 하며 Airy 파이론에 비해 계산이 상당히 복잡하지만 실제 파형을 비교적 잘 대변하고 있기 때문에 설계 시 정확한 파랑하중을 계산하고자 할때는 보통 Stokes 파이론을 사용한다. 식 (4.37)은 Stokes 파이론을 표현한 수식이다.

$$\zeta = \frac{1}{k}\sum_{1}^{5} F_n conn(kx - \omega t) \tag{4.37}$$

해양파는 단일한 파고와 주기를 갖는 규칙파가 아니라 실제로는 파고와 주기가 불규칙하게 변동하고 있다. 그 때문에 단일 파고와 주기를 가진 규칙파로 불규칙파 전체를 대표시킬 목적으로 유의파( significant wave)라는 개념을 사용한다. 관측된 파고를 큰 순서로 늘어놓을 때 최고치로부터 1/3번째에 놓이는 파의 평균파고를 유의파고(有義波高)라 부르고 또 같은 방법으로 선택한 파들의 평균주기를 유의파 주기라 할 때 이와 같은 파고와 주기를 갖는 규칙파를 유의파라고 할 때 이와 같은 파고와 주기를 갖는 규칙파를 유의파라고 부른다.

한편 불규칙파의 해면을 파고와 주기가 다른 무한히 많은 규칙파의 집합으로 간주하여 파의 주파수와 파의 에너지(파고의 제곱에 비례)의 관계로 불규칙파의 해면을 나타낸 것이 파 스펙트럼(wave spectrum)이다. 파 스펙트럼으로는 먼 바다의 심해역에 대해서는 피어슨·모스코비치(Pierson and Moscowitz, P&M) 형, 그리고 천해역에서 는 존스와프(Joint North Sea Wave Project, JONSWAP) 형이 사용된다. ISSC의 표준 스펙트럼이기도 한 피어슨·모스코비치 스펙트럼은 식 (4.38)로 표현된다.

$$S(w) = \frac{1}{2\pi} 0.11 H_{1/3}^2\, T_{1/3}\left(\frac{T_{1/3}}{2\pi}\omega\right)^{-5} \exp\left\{0.44\left(\frac{T_{1/3}}{2\pi}\omega\right)^{-4}\right\} \tag{4.38}$$

여기서 $S(\omega) =$ 파 에너지 스펙트럼 밀도 $H_s =$ 유의 파고, $T_s =$ 평균주기을 나타낸다.

불규칙파에 대한 부유체의 응답을 검토하는 데는 설계파를 이용하는 방법, 파스펙트럼을 이용하는 방법 그리고 확률적 방법에 의한 장기예측법 등이 있다. 설계파에 의한 방법(design wave method)은 장기 파랑통계로부터 50년 내지 100년 반복주기(또는 재현기간)를 갖는 개별 최대파를 구하여 그것과 같은 파고와 주기를 갖는 규칙파를 설계파로 간주하는 방법이다. 이것은 주로 해양플랜트의 구조설계에 적용한다.

파 스펙트럼에 의한 방법(wave spectrum method)은 장기 파랑통계로부터 유의파를 정의하고 그에 대응하는 유의파고와 주기를 가지는 파 스펙트럼을 얻는다. 이것에 주파수 응답함수를 중첩하여 구조물의 운동응답을 추정하는 방법이다. 이 방법은 주로 부유체의 운동이나 계류 시스템 해석에 사용되고 있다. 그리고 확률적 방법에 의한 장기예측(probabilistic linear response method)은 파 스펙트럼과 주파수 응답함수를 중첩시켜 응답에너지 스펙트럼을 구해서 단기예측을 수행하고 이어서 가동해역의 장기 파랑통계를 사용해서 응답이 어떤 한계치를 넘는 확률을 구하는 방법이다.

해양파는 파장 혹은 수심에 대한 파고의 비가 어떤 일정한 값을 초과하게 되면 파형이 유체역학적으로 불안정한 상태가 되어 부서지게 되는데 이 현상을 쇄파(breakingwave)라고 한다. 규칙파의 경우는 쇄파지점이 거의 일정한데 파형이 부서지는 지점을 쇄파지점이라 하고 그 수심을 쇄파수심이라고 한다. 해양파가 해안으로 접근함에 따라 수심 감소로 인해 파속이 감소하면서 파장이 짧아지고 이때 경사가 어떤 일정한 값($\frac{H}{\lambda} > \frac{1}{7}$)에 달하면 파도가 부서지기 시작한다. 쇄파가 일어나면 파도는 에너지를 잃어버리게 되고 해안으로 올라와 소멸한다.

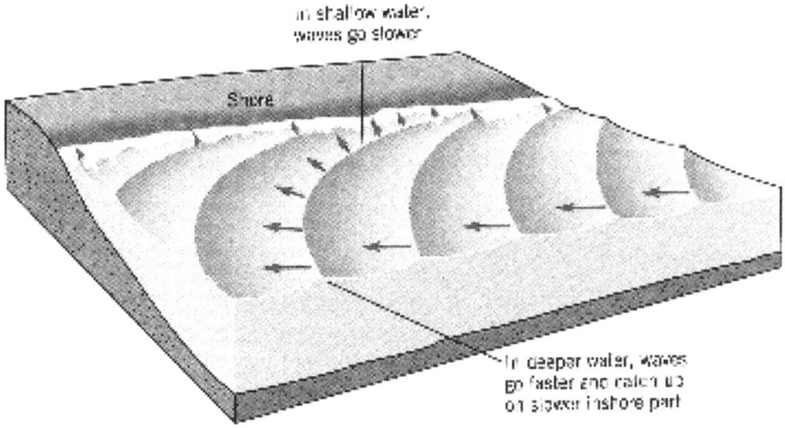


그림 4.14 해안가 파도 방향

또한 이러한 관계식을 통하여 수심 변화에 따라서 파도 속도 변화가 발생하고 이러한 속도 변화가 해안가 파도 방향과 변화를 결정하기 때문에, 해안/항만구조물 설계에서는 쇄파에 의한 파형 변화를 고려하는 것이 매우 중요하다.

## 4.4 환경 하중

일정한 항로를 따라서 운항하는 일반 선박과 달리 해양플랜트는 생산 작업을 위해서 설치된 이후에는 고정식, 부유식 모두 자신의 위치를 일정하게 유지하면서 생산 활동을 수행하게 된다. 이처럼 고정된 위치를 유지하고 있다면 지속적으로 해양 환경에 노출되어 파도, 바람 등에 의한 환경 하중 영향을 받게 된다. 환경 하중은 해양 플랜트 구조 설계 시 설치 해역 등에 대한 정보를 이용하여 환경 하중에 대한 고려가 반드시 필요하게 된다.

특히 파도에 의한 파랑 하중은 해양 플랜트가 설치/운용되는 환경 조건에 의해서 결정되어 지속적으로 영향을 주기 때문에 해양플랜트를 설계 제작하는데 있어서 해양파에 의해서 해양플랜트가 받는 힘의 영향을 예측하는 것은 가장 중요하다고 할 수 있다. 본 절에서는 안전한 해양 플랜트 설계하기 위하여 반드시 고려해야 하는 환경 하중에 대해서 간략히 설명하고 환경 하중 중 가장 중요하다고 할 수 있는 해양파에 의한 파랑 하중에 대해서 이론적 배경지식을 소개한다.

하중은 외부에서 해양 플랜트에 작용하는 힘으로 정의할 수 있다. 해양 플랜트에 적용되는 하중은 크게 해양 플랜트 자체 질량에 대해서 중력이 작용하는 무게에 의한 자체 하중이 있고  해양플랜트가 설치/운용되는 환경 조건에 의해서 발생하는 하중인 환경 하중이 있다. 환경 하중은 자연 조건에 의해서 발생하기 때문에 발생 억제 등 인위적인 조절이 어려움이 존재하며, 시간에 따라서 일정하게 발생하기도 하지만, 대부분 시간에 따른 변화가 많이 있기 때문에 해양플랜트에 적용하는 실제 하중를 예측에 많은 어려움이 있다.

## 4.4.1 풍하중 (Wind Force)

풍하중은 바다에서 부는 바람이 해양 플랜트 상부 구조 (Topside)에 직접 작용하여 발생하는 항력(drag force)으로 정의한다. 항력은 유체와 고체 사이 마찰로 발생하는 힘으로 바람에 의해서 발생하는 해양플랜트 적용 풍 하중은 식 (4.39)로 정의할 수 있다.

$$F_w = \frac{1}{2}\rho_a U^2 A_p C_d \tag{4.39}$$

$$U(z) = \left(\frac{z}{h}\right)^{\frac{1}{n}} \overline{U}(h) \tag{4.40}$$

$U$은 바람의 속도(wind velocity)를, $\rho_a$는 공기의 밀도(air density)를 나타나며 속도 및 밀도에 대한 정보는 해양플랜트 설치 해역에 대한 장기간 실측 자료를 대한 통계 처리 결과를 이용하여 구하게 된다.

$A_p$는 바람 진행 방향에 수직하게 저항하는 해양플랜트 상부 구조물의 단면적으로 표시하며, $C_d$는 해양 플랜트 상부 구조물 형상에 따른 항력 계수(drag force coefficients)로 풍동 실험을 통하여 보통 구하게 된다. $A_p, C_d$에 대해서 설계자 능력에 따라서 변화가 가능하기 때문에 실제로 설계시 많은 고려를 해야 하는 요소로 작용한다.

바람에 의한 풍하중은 해양플랜트 설치 해역에 대한 장기간 실측 자료를 이용하기 때문에 통계적 이유에서 보통 정적 하중으로 처리하고 있다.

## 4.4.2 해류 하중 (current force)

해류 하중 (current force)은 바닷물의 일정한 흐름인 조류(tide), 최송류(wind drfit)에 의해서 해양 플랜트가 받는 힘이다. 조류와 취송류에 대한 특징은 다음과 같이 정리 될 수 있다.

- 조석: 지구의 바다가 태양과 달이 지구에 미치는 기조력에 의해 오르내리는 현상

◆ 취송류: 해상에서 부는 바람이 해면에 미치는 변형력 때문에 생기는 해류

해류 하중의 특징은 풍하중과 유사하여 풍하중과 마찬가지로 정적 하중으로 고려하는 가능하며, 장기 통계적 처리 방법으로 처리할 수 있으며, 풍하중과 비슷한 방법으로 계산이 가능하다.

### 4.4.3 파랑 하중

파도 속에서 해양플랜트 구조물의 운동이나 구조강도는 지구상에서 가장 파도가 심한 북태평양이나 북대서양의 장단기 통계자료를 기초로 계산되고 있으며 그 밖의 특정 해역의 자료는 별로 설계에 활용되고 있지 않다. 해양플랜트 구조물 설계 시 통상 다음 세 가지 상황, 즉 1) 조업 중 상태(operating condition), 2) 극한상태(survivalcondition), 3) 이동 중 상태(transit condition)를 고려하게 된다. 각각의 상황에 대해 별도의 설계조건이 정해지는데, 특히 2) 극한상태가 구조물의 설계를 결정한다. 극한 상태의 해상은 해양플랜트 구조물의 안전에 관계되는 가장 가혹한 외력조건이기 때문에 가동해역의 관측자료에 따라 50년 혹은 100년 반복주기 (return period, 혹은 재현주기)를 고려하여 설계파를 선정(파고와 주기를 결정)하고 이에 따른 파랑하중을 계산한다.

파랑 하중은 고정식 구조물과 부유식 구조물에 대해서 각각 계산 방법을 다르게 생각할 수 있지만, 기본적으로 유체 속에 있는 물체가 받는 힘은 고정식과 부유식 모두 동일하다. 유체 속에서 존재하는 물체가 받는 힘을 구하기 위해서 유체 역학에 대한 기본 지식이 요구되는데, 유체 역학 관련 기본 지식은 본 책이 다루고 있는 범위를 넘어서기에 서술하지 않는다. 관심이 있는 독자는 다양한 유체역학 관련 교재 등을 일독하기를 권한다.

유체 속에 물체가 받는 힘은 크게 물체의 저항과 유체 관성력으로 나눌 수 있다. 이 중 형상 저항은 전술한 풍 하중과 해류 하중과 유사한 이유로 발생하는데, 유체 속에 있는 해양플래트가 유체 흐름에 영향을 미쳐 해양 플랜트 전후에 발생하는 유체 압력 차이로 발생하여 해양플랜트가 받는 힘이라고 할 수 있는 유체 관성력은 유체가 가지고 있는 관성이 해양 플랜트에 전달되어 발생하는 힘이라고 할 수 있다

형상 저항은 해양 플랜트 전후에서 발생하는 유체의 압력 차이로 발생하는 힘이라

고 하였는데, 힘을 발생시는 압력 차이는 유체가 가지고 있는 점성 때문에 발생하는 유체와 물체 사이 마찰력 때문에 발생한다.

유체 관성력은 유체가 운동을 하면서 유체 흐름에 속도 변화가 발생하면서 마치 유체 속에서 가속도를 가지고 운동하는 것처럼 상대 운동이 발생하여 발생하는 힘이다. 유체 관성력을 구하기 위해서는 부가질량(added mass) 개념을 도입해서 사용하는데, 부가질량은 유체 속에서 물체가 가속도 운동을 할 때 물체때문 발생하는 유체의 운동 효과를 질량으로 환산하여 물체 질량에 고려하는 하는 것이다.

고정식 해양 플랜트의 경우 파랑 하중을 계산하기 위해서 모리슨 공식(Morison Equation)을 보통 적용하고 있단. 모리슨 공식은 아래 그림과 같이 고정된 수직기둥(vertical pile)에 작용하는 파랑하중을 계산하는 식인데 파랑 중에 동요하는 운동하는 가늘고 긴 형상의 부유체에 대해서도 공식을 약간 수정하여 적용할 수 있다. 즉 구조물의 직경이파의 파장에 비해 작아서 입사파가 물체를 통과한 후에도 물체에 의한 파의 변형이 작다고 생각할 때 적용할 수 있다. 계산 방법은 해양 플랜트에 적용하는 형상 저항과 유체 관성력을 계산한 후 구한 힘을 그래도 더해서 사용하면된다. 모리슨 공식은 계산이 간단하여 적용이 편한 장정을 가지고 있지만, 형상 저항 계산을 위한 가정과 관성력 계산을 위한 가정이 서로 충돌하는 모순을 가지고 있다. 형상 저항 계산과 관성력 계산을 위한 가정은 다음과 같이 정리할 수 있다.

- 형상 저항 계산 가정: 유체 속도가 일정
- 관성력 계산 가정: 점성 없음

비록 물리적 의미에서는 모리스 공식이 양립할 수 있는 두 개의 가정을 사용하는 모순을 가지고 있지만, 해양파의 파장의 길이와 구소물 지름의 비율이 일정한 범위 내에 있는 해양 플랜트에서 파랑 하중 계산에는 전통적인 관습식으로 현재 많이 사용되고 있다. 아래 그림은 해양파에 의해서 해양플랜트에 작용하는 하중이 파장과 구조물 지름 비율에 따른 형상 저항과 유체 관성력이 관여하는 범위을 보여주고 있다.

부유식 해양 플랜트은 고정식과 달리 일부 특수한 경우를 제외하고 모리슨 공식을 바로 적용하기에는 어려움이 존재한다.또한 해저 지반에 연결되어 고정되어 있지 않기 때문에 외부 하중을 받게 되면 일반 선박과 같이 6자유도 운동을 하여 동요가 발생하게 된다. 특히 부유식 해양플랜트의 거동에는 상하동요가 가장 큰 영향을 미치게 된다. 이와 같은 해양플랜트에 대해서 규칙파 중의 상하동요를 살펴보면 어떤 특정한 범위의 주기의 파도에 대한 상하동요의 진폭이 대단히 작다.

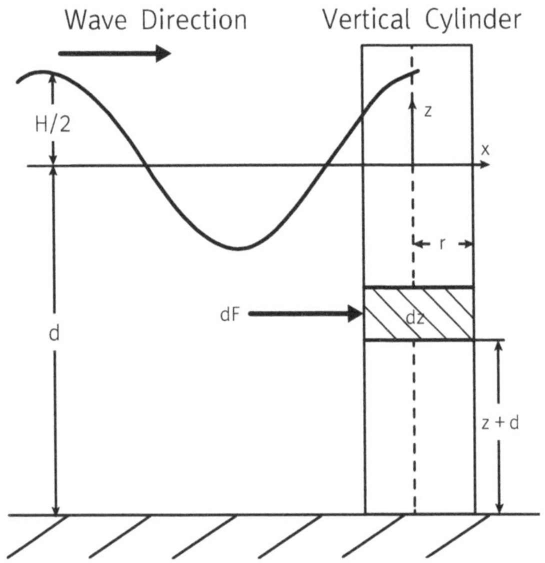


그림 4.15 모리슨 공식 적용 가능 수직 기둥

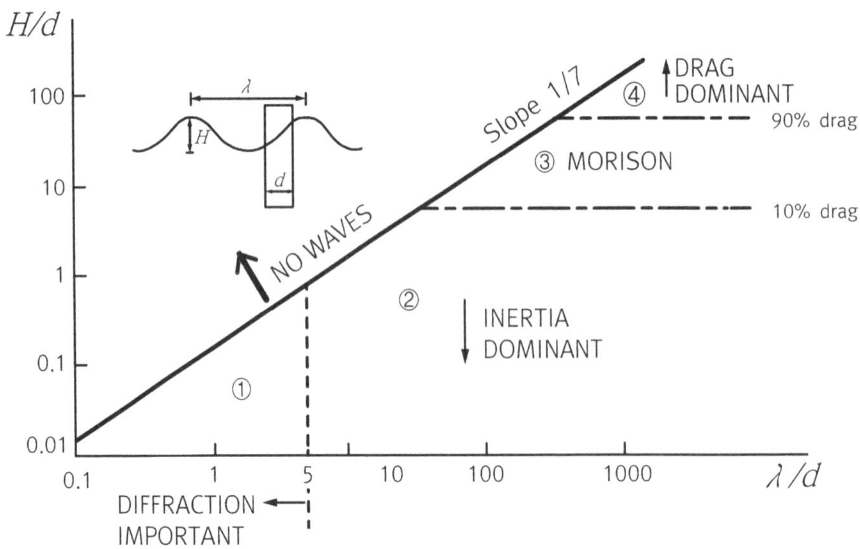


그림 4.16 파고/지름 비에 따른 유체력 계산 영역

따라서 가동해역의 파주기가 규칙범위에 들도록 수면 아래쪽의 설계를 하면 가동 중 상하동요가 작아지는 특성을 가지게 된다. 이러한 상하 동요를 최소화 하기 위한 대책으로 부유식 해양 플랜트는 수면 하부 형상을 여러 형태로 변화시켜 동요를 줄이는 방법을 사용하고 있다. 즉 부유체의 수선면 면적으로 줄이고 수선면 아래쪽에 큰 배수량에 갖도록 함으로써 특정 주기 해양파에 대해서 동요를 줄이는 방법이다. 이러한 원리는 시추 플랫폼, 크레인 바지, 파이프라인 부설선, 기타 여러 가지 부유식 해양플랜트 구조물에 이용되고 있다.

이를 위해서 필요한 것이 파랑에 대한 운동 응답 해석 작업이다. 이를 위해서 많이 사용되는 것은 포텐셜 이론을 이용한 파랑 중 부유식 해양 플랜트가 받는 힘을 예측하고 실험을 통해서 검증하는 작업을 수행한다.

## 연습 문제

1. 해양 플랜트에 적용되는 파랑 하중을 계산하는 공식을 수학적으로 서술하고 공식에 대해서 설명하시오.

2. 석유가 존재할 수 있는 4대 조건 중 하나인 트랩(Trap)의 의미와 종류에 대해서 설명하시오

3. 바다 속 음파의 SPL이 $160dB \ \ re \ 1\mu Pa$이다. 이 때 음파의 intensity를 계산하시오

4. 지름 10m 인 원기둥이 수면 가까운 곳에 떠있다. 이 원기둥을 향해 진폭 A=2 m, 파장 $\lambda$ = 150 m 인 수면파가 들어올 경우 원기둥에 작용하는 형상 저항과 관성력의 크기를 구하시오.

# 참고 문헌


1) 손성호, 해양파역학, 효성출판사, 한국 부산, 1998.
2) 모도츠나 카즈미치, 구마쿠라 야스시, 유홍선등 번역 해양공학의 기초 지식, 동명사, 한국 경기도, 1997.
3) 김태희, 손호재, 박창수, 해양플랜트공학, 선학출판사, 한국 인천, 2006.
4) 손호재, 김태희 Fundamentals of offshore Engineering, 원창출판사, 한국 인천, 2012.
5) 최경식, 해양플랜트개론, 문운당, 한국 서울, 2010.
6) 대한조선학회, 선박해양공학개론, GS 인터비젼, 한국 서울, 2011.
7) 한국석유공사 석유정보센터, 석유산업의 이해, 나모기획, 한국 경기, 2008.
8) 성우제, 서울대학교 조선해양공학과 수중음향학 강의 노트
9) Robert E. Randall, Elements of ocean engineering, 2nd Ed SNAME, 2010
10) Lawrenece E. Kinsler, Austin R. Frey, Alan B. Coppens, and James V. Sanders, Fundamentals of acoustic, 4th Ed. John Wiley & Sons, Inc. 2001.
11) J. Lee, Introduction to offshore pipelines and risers. Retrieved from http://wwwjylpipeline.com, 2008.
12) R. J. Wagner, An international survey and engineering design of an underwater work class remotely operated vehicle. Texas A&M University, College Station, Texas, 2001.
13) R. J. Wagner, R. E. Randall, and E. K. Albaugh, "Work ROV contractors trying to evade cycle of more power, heavier umbilicals with depths", Offihore Magazine, December. 2000.
14) D. Liddle, D. Rousing, and J. Westwood, The world ROV report. Douglas Westwood Ltd. 2000.

# 부 록

석유/가스 생산 관련 해양 플랜트, 신재생 에너지 생산 해양 플랜트 및 대형 부유식 구조물에 대해서 기존 교재 등에서 다루어지고 있어, 많은 정보를 찾을 수 있으나, 향후 우리나라 해양 플랜트 사업에서 발전 동력으로 삼을 수 있는 수중 로봇에 대해서는 아직까지 국방 분야를 제외하고는 국내 연구가 미미하고 상용화 제품 역시 거의 없는 현실이다. 이러한 현실에서 향후 대한민국 조선해양 산업 발전에 견인차 역할을 수행할 학생들에게 수중로봇을 국방 분야에서 활용하기 위한 여러 가지 계획을 소개하여 진로 결정 등에 도움이 되는 정보를 제고하기 위해서 이 책의 저자들이 직접 참여한 대한민국 해군 관련 연구 사업 보고서를 요약하여 부록으로 수록한다.

## 1. 군사적 활용 가능성

본 절에서는 실제 무인 잠수정을 활용한 작전 사례를 살펴보고 무인 잠수정이 가지고 있는 전략, 전술적 가치에 대해서 고찰하고자 한다. 실제 무인 잠수정을 이용한 작전 중 대표적인 것으로 기뢰를 제거하는 소해 작전을 들 수 있으며, 실제 활용 사례도 소해 작전에서 다수의 사례가 보고되고 있다.

이 중 대표적인 사례 중 하나가 2003년 이라크전 당시 이라크의 움카스르(Umm Qasr)항에서 수행된 소해 작전이다. 당시 미군의 군수 물품 및 구호 물품을 실은 보급함의 안전한 입항을 위해 소해 작전 수행이 요구되었는데 이 작전에 Hydroid 사의 무인 잠수정 REMUS(Remote Environmental Measuring UnitS)가 투입되었다.

그림 1. UUVs at War : Operation Iraqi Freedom

당시 작전 계획 시 소해 작전 전문가들은 무인 잠수정의 활용이 없는 고전적인 방법으로 작전을 수행할 경우, 당해 작전 완료에 대략 5일이 소요될 것으로 예상하였으나, REMUS의 투입을 통한 무인 잠수정을 활용한 소해 작전을 수행하여 72시간 만에 조기에 작전을 완료한 성과를 거두었다. 또한 당해 소해 작전은 작전 수행 중에 보고된 무인 잠수정의 운용에 대한 어려움 또는 분실에 의한 손실도 전혀 없었고 인명 피해도 발생하지 않은 점에서 훌륭한 작전 수행으로 평가받을 수 있을 것이다.

2004년에는 리투아니아, 라트비아, 독일, 덴마크 연안의 발트해 해역에 대해서 1, 2차 세계대전 기간 동안 살포되어있던 기뢰 제거를 위한 소해 작전 및 각종 병기에 대한 수거 및 제거 작전에 하는 임무에 노르웨이 KONGSBERG 社에서 개발한 민·군 겸용 무인 잠수정 HUGIN이 활용되었으며, 당해 작전 역시 성공적으로 수행되었다는 평가를 받고 있다.

또한 2002년부터 2004년 사이에 이탈리아, 네덜란드, 스코틀랜드, 독일 등지의 각 항구에서 무인잠수정을 이용한 기뢰 제거 테스트에 성공함으로써 북대서양조약기구(NATO)에서도 REMUS를 실전 배치하기로 결정하였다. 무인잠수정의 효용성이 입증됨에 따라 미 해군은 매사추세츠 케임브리지의 해군 블루핀 로봇 연구소(Bluefin Robotics Corp.)의 BPAUV (Battlespace Preparation Autonomous Undersea Vehicle)를 적용하기로 하고 920만 달러의 계약을 체결했다.

## 2. 미국 해군의 무인잠수정 활용 전략

최근 미국 해군은 대양에서의 해전 못지않게 육지 인근 연안에서의 해전을 중시한다. 과거 냉전 시절 미 해군은 대양에서 소련 해군과 결전을 치를 수 있는 능력을 가장 중시했다. 미 해군이 먼 바다에서 장기간 작전을 펼쳐도 버틸 수 있는 대형 구축함과 순양함, 항공모함, 원자력 잠수함 확보에 심혈을 기울였던 것은 당연한 수순이었다.

하지만 냉전 종식 후 대양에서 미 해군에 맞설 만한 상대가 사라진 지금 상황이 변했다. 미 해군은 이제 적성국 해안 가까운 곳으로 접근하여 적의 지상을 공격하는 전력 투사 임무를 가장 중시한다. 오늘날 미 해군에서는 '적의 연안에서 어떻게 싸우느냐'가 핵심적 이슈이다. 어뢰나 대함 미사일 등 대부분의 해상 무기는 해양 조건에 따라 명중률에 차이가 난다. 수심 깊은 대양에서 사용할 목적으로 만든 어뢰는 수심이 얕은 연안 지역에서는 제 성능을 발휘하지 못한다. 대양에서 명중률이 높은 대함 미사일이 섬이 많고 해안선이 복잡한 연안 지역에서는 명중률이 떨어지기도 한다. 대양 해전과 연안 해전은 전혀 다른 차원의 전투인 것이다.

당연히 미 해군의 무기 개발부터 전략에 이르기까지 여러 분야에 변화의 바람이 몰아치고 있다. 미국 해군이 2004년 11월에 발표한 무인 잠수정 활용한 전략 개념 수립을 계획서(UUV Masterplan)에서 발표한 'Sea Power 21' 비전은 이러한 변화를 반영한 개념이다. 가상 적국의 소형 보트, 디젤 잠수함, 고속정, 연안 부설 기뢰에 대응하기 위해서는 새로운 해군 운용 개념이 필요한데, 이는 미국의 최첨단 이지스 구축함으로 중소 규모의 고속정과 소형 디젤 잠수함을 상대하는 것은 모기 잡으려고 식칼을 휘두르는 격임에 비유하여 설명할 수 있다. 객관적으로 압도적인 전력 격차에도 불구하고 대형 함정으로 중소 규모 해군을 상대하는 것은 효율적이지 않다는 의미이다.

미 해군에서는 이러한 문제점을 해결하면서 무인 체계에 의한 미래 전장 환경을 예측하고 대비하여 지속적으로 해양 세력의 패권을 유지하고자 하는 목적으로 'Sea Power 21'에 의해 무인잠수정의 9가지 주요 임무를 선별, 제시하였다. 최근 미 해군의 연구 동향은 한 종류의 무인잠수정이 모든 임무를 수행하는 것은 불가능한 것으로 판단하여 보다 경제적이고 각 임무에 알맞은 무인잠수정을 생산할 수 있도록 모듈화, 표준화를 통한 개발을 추진하고 있는 것으로 보인다. 따라서 표 5.1과 같이 크기에 따른 표준화를 제시하고 있다.

표 1. UUV master plan 상 AUV 임무

| Sea Power Pillar | Priority | Sub Pillar Capability |
|---|---|---|
| Force Net | 1 | 정보수집, 정찰/감시 (Intelligence, Surveillance and Reconnaissance) |
| | 5 | 해양조사 (Oceanography) |
| | 6 | 통신/항해지원 (Communication/Navigation Network Nodes) |
| Sea Shield | 2 | 대기뢰전 (Mine Countermeasure(MCM)) |
| | 3 | 대잠전 (Anti-Submarine Warfare(ASW)) |
| | 4 | 선박, 항구의 검색/식별 (Inspection/Identification) |
| Sea Base | 7 | 군수물자 수송 (Payload Delivery) |
| Sea Strike | 8 | 정보작전(Information Operation) |
| | 9 | 공격 (Time Critical Strike) |

표 5.2에서 분류된 각 무인잠수정의 크기에 맞추어 그에 알맞은 임무를 부여하는 것이 보다 효과적인 운용이 될 것이다. 그에 따라 다음과 같이 각 클래스별 임무를 제안할 수 있다.

이러한 크기의 표준화뿐만 아니라 무인잠수정을 생산할 때 가능한 모듈 단위로 만들어 추후 확장성을 높이고 보편성을 극대화하면 비용의 측면과 기기의 효율적 운용에서 그 효과를 기대할 수 있다. 이러한 모듈화는 기기의 크기가 커질수록 즉, Heavy Weight Vehicle Class와 Large Vehicle Class에서 더욱 강조되며 Payloads의 배치나 Platform interfaces에 적합하도록 모듈화가 이루어져야 할 것이다.

표 2. Class 별 무인잠수정 제원

| Vehicle Class | Diameter (inches) | Displace-ment (lbs) | Endurance High Hotel Load (hours) | Endurance Low Hotel Load (hours) | Payload ($ft^3$ ) |
|---|---|---|---|---|---|
| Man-Portable Vehicle Class | 3-9 | 〈100 | 〈10 | 10-20 | 〈0.25 |
| Light Weight Vehicle Class | 12.75 | ~500 | 10-20 | 20-40 | 1-3 |
| Heavy Weight Vehicle Class | 21 | 〈3,000 | 20-50 | 40-80 | 4-6 |
| Large Vehicle Class | 〉36 | ~20,000 | 100-300 | 〉〉400 | 15-30 +External Stores |

표 3. Class 별 임무

| Vehicle Class | 임무 | 특징 |
|---|---|---|
| Man Portable Vehicle Class | ▪ 정보 수집, 정찰 감시<br>▪ 통신/항해 지원<br>▪ 얕은 해역 대기뢰전<br>▪ 기뢰무력화<br>▪ 대테러, 선박, 항구의 검색/식별 | 플랫폼이나 해안에 배치 될 수 있지만 보통 고무보트에 배치 |
| Light Weight Vehicle Class | ▪ 항구 정보 수집, 정찰 감시<br>▪ 특수 해양 정보 수집<br>▪ 이동성 통신/항해 네트워크 절점 (CN3)<br>▪ 정보 작전 | Light weight 어뢰와 규격이 맞는 원통형 무인잠수정<br>USVs of aircraft에 지원이 용이 |
| Heavy Weight Vehicle Class | ▪ 전술용<br>▪ 연안 조사<br>▪ 은밀 탐색 | 21 inch 어뢰 사이즈에 맞는 크기 |
| Large Vehicle Class | ▪ 지속적인 ISR, 군수물자 수송<br>▪ 대잠전<br>▪ 장거리 해양 정보 수집(미래) | 가장 긴 작업 시간과 가장 많은 탑재량<br>임무 요구사항에 따라 길이 결정 |

## 3. 우리 해군에 적합한 무인잠수정 활용 전략

전 절에서 살펴보았듯이 우리 해군의 작전 해역은 동해를 제외하고는 천해 환경에 가깝고 수중 환경 변화가 많지 않고, 동해 환경은 수심도 깊고 수중 환경 변화가 많은 환경을 보이고 있다. 이러한 우리 해군 작전 해역에 대한 정보와 연안 작전 수행이 가능한 수중 전력을 확보한 우리 해군의 전력 사항을 고려하여 우리 해군에 적합한 무인잠수정 활용 전략을 수립할 필요가 있다. 미국 해군이 제시한 '2004 UUV Master Plan'은 연안 작전 및 원양 작전까지 포함하고 있는 작전 개념이지만, 가장 최근에 제시된 무인 잠수정을 활용한 전략이고 무인 잠수정의 활용도에 대해서 정리가 잘되어 있다. 이에 본 연구에서는 '2004 UUV Master Plan'을 기본으로 우리 해군의 무인잠수정을 활용한 전략적 운용 개념을 정립하여 다음 표에 나타내었다.

현재 보유하고 있는 기술력과 정보 수집 분야의 중요성을 고려하여 정보/감시/정찰, 기뢰대항전, 대잠전, 해양조사를 즉시 전략화가 필요한 운용 개념으로, 통신/항해지원, Sea Strike를 향후 전략화가 필요한 운용 개념으로 분류하였다.

즉시 전략화 개념은 현재 우리 해군에 시급하게 필요하다고 판단되며 현재 기술 수준으로도 많은 연구가 필요하지 않아 즉시 전략 수행이 가능한 전략개념으로 선택하였다. 정보/감시/정찰은 현재 민간용 무인 잠수정이 수행하고 있는 과학 기술 발전을 위한 해양 탐사 활동과 상당 부분 유사한 점을 가지고 있다는 점에서 민간 무인 잠수정 부분에서 축적된 기술을 활용하다면, 별도의 연구 및 시간 투자 없이 우리 해군에서 즉시 활용이 가능하다는 점에서 선택되었다.

또한 잠수함이나 수상함이 접근이 용이하지 않은 우리 해군의 작전 해역이나 적의 작전 해역에 대해서 무인 잠수정의 은밀성을 이용할 수 있어 유용하게 우리 해군 작전 해역이나 적 작전 해역에 대한 정보를 수집할 수 있기 때문에 우리 해군에서 우선적으로 활용할 수 있는 전략이라고 할 수 있다. 무인 잠수정을 활용한 소해 작전은 이미 미국 해군 및 세계 여러 나라의 해군에서 이미 성공적으로 수행되었다는 점에서 무인 잠수정을 활용한 기뢰 대항전은 소해함의 절대 숫자가 부족한 우리 해군에게 현실적인 소해 작전 능력 향상에 크게 도움이 될 것으로 기대할 수 있다.

또한 무인 잠수정의 활용을 통하여 만에 하나 발생할 수 있는 소해 작전 시 발생할 수 있는 소해함의 기뢰 피격에 의한 인명 피해를 예방할 수 있다는 점에서 우리 해군에서 즉시 전력화할 필요가 있는 전력화 개념이고 할 수 있다. 대잠전을 위해서 가장 필요한 것은 무엇보다 가장 필요한 것은 대잠전을 수행할 해역에 대한 수온,

해수의 밀도 등과 같은 다양한 해양 정보를 정확하게 획득하는 것이다. 우리 해군에서도 정보함 운용 및 외주 연구 사업을 통하여 우리 해군 작전 해역에 대한 다양한 해양 정보를 수집하고 있으나, 이러한 정보들은 대부분 수상함에 장치되어 있는 장비들을 이용하다 보니, 다양한 환경 및 수심에 대한 정보를 획득하기에는 많은 어려움이 존재하고 있다.

표 3. 우리나라 해군 적합 무인잠수정 임무

| 무인잠수정 운용 개념 | | |
|---|---|---|
| 즉시 전략화 | 정보/감시/정찰 (Intelligence, Surveilance & Reconnaissance) | ▪ 해상 전장 환경에 대해 정보수집, 정찰 및 감시<br>▪ 현재 무인잠수정 기술을 통해 가장 유용하게 쓰일 수 있는 개념<br>▪ 잠수함, 전투함정의 접근이 어려운 지역에 스텔스가 용이한 무인잠수정 운용 |
| | 기뢰대항전(Mine Contermeasure) | ▪ 기뢰 제거가 힘든 우리 해군 작전 환경에서 안전하며 효율적인 기뢰대항전을 위하여 무인잠수정 활용<br>▪ 실제 이라크전 투입 사례로부터 우리 해군 대기뢰 전력의 높은 향상을 기대 |
| | 대잠전(Anti-Submarine Warfare) | ▪ 잠수함 활동이 용이한 복잡한 해양환경에서 적 잠수함에 대한 정보수집활동 |
| | 해양조사 (Oceanography) | ▪ 접근성이 어려운 지역, 기상악화 등에도 저비용으로 효율적 임무 수행 가능 |
| 향후 전략화 | 통신/항해지원 (Communication/Navigation Network Node) | ▪ 미래 전장환경은 네트워크 중심전으로 변화<br>▪ 무인잠수정을 이용하여 수중 통신에 의한 정보 중계 역할 및 GPS 또는 항법 시스템 간의 통신 링크 제공 |
| | Sea Strike | ▪ 급변하는 해상전 상황에서 첨단 무기의 필요성<br>▪ 무인잠수정을 이용하여 자율적이고 신속한 공격 가능 |

또한 아무리 정확한 해양 정보를 가지고 있다하다고 정확하게 적 잠수함의 위치를 파악하기 위해서 해양 정보들이 실시간으로 필요하다는 점에서 기존 수상함에서 획득한 정보를 이용하여 대잠전을 수행하는 것은 여러모로 복잡한 경우의 수를 만들어 낼 수 있다. 대잠전 수행 시 무인 잠수정을 이용하면, 적 잠수함이 존재할 수 있는 해역에 대해서 다양한 수심과 위치에서의 해양 정보를 실시간으로 획득하는 것이 가능하기 때문에 대잠전 수행 능력을 비약적으로 향상시키는 것이 가능할 것으로 기대할 수 있다. 해양조사 활동은 무인 잠수정이 가장 많이 활용되고 있는 부분이고 전술한 전술 개념을 사용하기 위해서 기본적으로 필요한 개념이라고 할 수 있다. 민간 분야에서 20여 년 동안 많은 관련 연구가 수행되어 있기 때문에 민간 분야의 축적되어 있는 기존 기술들을 활용한다면 빠른 시일 내 별도의 연구개발이 없더라도 우리 해군에서 즉각 전력화하는 것이 가능할 것으로 기대되어 진다.

향후 전략화 개념은 우리 해군의 무인 잠수정을 활용한 전략에서 필요하다고 판단되어지나, 현재의 기술 수준과 우리 해군의 현실을 고려할 때 보다 많은 연구개발에 투자가 필요하다고 판단되어 지는 전략 요소라고 할 수 있다. 네트워크 중심전으로 변화하게 될 미래 해전 환경에서 가장 필요한 것은 어떤 전투 환경에서도 연결이 되는 통신 시스템일 것이다. 네트워크 중심전에서는 해군의 모든 전력 즉 수상함 전력, 항공 전력, 잠수함 전력 등이 통신을 통하여 연결되어 유기적으로 전투 수행하는 것이 필수 부가결하다.

이때 보통 사용되어 지는 무선 통신과 위성 통신은 수상함과 항공기 사이에서의 통신은 보장하지만, 전파가 전달되지 않는 수중 환경에서는 수중음향을 이용한 통신을 사용하여야 한다. 직진성이 보장되는 전파를 이용한 통신과 달리 수중에서의 음향을 이용한 통신은 환경의 변화에 따라 음파의 전달 경로의 변화가 극심하여 수중음향을 이용한 수중 통신망을 구축하는데 많은 어려움이 존재하게 된다. 무인 잠수정을 이용하면 수중에 수중 통신을 위한 중계기 역할을 수행하게 함으로써 효율이 높고 신뢰성이 높은 수중 통신망을 구축하는 것이 용이할 수 있다.

또한 수중 통신망의 중계기 역할을 통한 불확실한 수중 환경에서 잠수함들의 항법 시스템의 정확성을 높이는 역할을 수행할 수 있다. 나아가 무인 잠수정을 어뢰나 기뢰를 대신할 수 있는 공격형 무기로 사용하는 것이 가능할 것이다. 자체 판단 능력과 자율 운항 능력이 없는 어뢰, 기뢰와 달리 무인 잠수정은 무인 잠수정 자체에 판단 능력과 운항 능력을 가지고 있기 때문에 급변하는 해상 전 상황에서도 자율적이고 신속한 공격이 가능할 것이다. 또한 기뢰와 같이 설치가 이루어진 이후 일정한 위치에 고정되는 것이 아니라 자율 운항 능력을 통한 위치 변화가 가능함으로 적의 소해 작전에 의해 파괴되는 경우가 매우 작을 것으로 예상이 된다. 이러한 자체 판단과 자율 운항이 가능한 무인 잠수정은 비용대비 효과가 매우 우수한 새로운 비대칭 무기가 될 수 있을 것으로 기대된다. 전술한 전략 개념을 현실화하기 위해서 무인 잠수정의 연산 속도가 매우 빨라야 하는 것을 예상되어 지고 사례별 대응책(case by case solution)을 능가하는 고차원의 인공 지능 능력과 오랜 시간 무인 잠수정에 전원을 공급할 수 있는 고성능, 고효율의 배터리가 개발되어야 할 것을 예상되어진다. 이러한 이유에서 현재의 기술 수준에서는 우리 해군에서 전략화 하는 것은 많은 어려움이 있을 것으로 예상되지만, 향후 우리 해군의 전력 향상을 위해서 반드시 현실화해야할 필요가 있기 때문에 기술 개발을 위해서 연구 및 투자가 반드시 이루어져야 할 것을 판단된다.

# 참고 문헌

1) 윤산호, "미해군의 무인 잠수정(UUV) 개발동향 고찰," 함참지 19호, pp 194 ~ 205, 대한민국 합동참모본부, 2007. 7.

2) 무인 잠수정 초기 개념 연구 보고서, 국방과학연구소, 2007.

3) The Navy Unmanned Underwater Vehicle (UUV) Master Paln, 미국 해군성, 2004.

# 찾아보기

(A)
Acoustic Camera 156
AUV 139

(B)
Bathymetry Surveys 143
Blind Ram 125

(C)
Cable Inspection 143
Cable/pipe layer 68
Catwalker 103
Choke & Kill manifold 126
Conductor 121
Construction Support 136
Countermeasure 144
Crown Block 96
CURV 131
cylinder 113

(D)
Debris Removal 136
Degasser 109
Desilter 109
Diverter 107, 123
Drawwork 96
Drill Floor 103
Drill Pipe 103
Drilling Support 136
Drilling system 73

(E)
Environmental Monitoring 144
EPIC 128
External Pipeline 143

(F)
Flow divider 107
FPSO 82, 129
FSRU 63

(G)
Gravel Dump Surveys 143

(H)
Heave Compensator 114
Heavy Work class 134
Hoisting system 94
Hull side 45

(K)
Kelly bushing 100

(L)
Light Work class 134

(M)
Manifold 118
Micro class ROV 134
Mine Reconnaissance 144
Mini class ROV 134
MOB(Mobile Offshore Base) 34
Mud Agitator 106
Mud Circulation1 05
Mud Gutter 109
Mud Pit 106
Mud Pump 106
Mud System 104

(O)
Object location and Recovery 138
Oceanographic Surveys 143

(P)
Pipe Ram 126
Pipeline Inspection 135
Platform Cleaning 137
Platform Inspection 135
PLEM 120
Processing system 73

(R)
Racking Unit 103
ring stiffener 47
Riser Tensioning System 114
Rotary System 98
Route Surveys 143
ROV 133

(S)
Sea Bottom Imaging Data 144
Search for Dropped Object 144
Semi submersible rig 78
Shale Shaker 108
Shear Ram 125
SONAR: SOund NAvigation 153
SPAR 55
SSS 115
Subsea Installations 137
Subsea system 115
subsea system 94
Surveys 136
Swivel 99

(T)
Top drive 97
top side layout 45
Traveling Block 97

(U)
URF 117
UUV Master Plan 202

(W)
Well Control System 123
WTIV 68

(ㄱ)
가이드 타워 51, 52
갑판승강형 시추선 51
계류 시스템 75
계류장치 43, 56
고정식(fixed type) 구조 20
관성 항법 시스템 147
국제해저기구 31
근원암 176
기 성인설 172
기 수분 제거기 86
기선 항법 시스템 148

(ㄷ)
다상 분리 85
다점계류 방식 78
다중빙 소나 155
대수 계산 168
대형 해상 부유식 구조물 33
덮개암 176
돌핀(dolphin)계류 방식 79
동적 위치 유지 시스템 81

(ㅁ)
망간단괴 30, 31
모리슨 공식 191
무기 성인설 172
무인잠수정 199

(ㅂ)
반잠수식 구조물 35, 57
반잠수식 시추 설비 18
발전용 플랜트 39
부유식 57
부유식 거주 시설 65
부유식 거주지 42
부유식 공항 34
부유식 석유생산시스템 61
부유식 항만 66
부유식 해상호텔 65
부유식구조물 20
부정합 트랩 175

(ㅅ)
상부 구조물 58
석유비축기지 37
선박형 시추 구조물 59
선형파이론 185
쇄파 187
수중 로봇 75
수중음향이론 163
시추 시설 92
심해저 시스템 75

(ㅇ)
안정기 84
압축(compression) 시스템 87
양광시스템 31

역삼투압법 41
예인 배열 소나 장비 157
유연식 51
인장각식 구조물 53

(ㅈ)
자원 비축기지 36
작업용 부유식 구조물 68
장기예측 187
재생에너지 20
저류암 176
저류층 92
전방 주사 소나 153
조력 발전 25
조력발전 26
조류 발전 27
조선해양 산업 73
주수 작업 89
중자력 탐사 177
증류시스템 88
증발법 41

(ㅊ)
첨감 트랩 175
최송류 189
추측 항법 146
측면 주사 소나 154

(ㅋ)
켈리(Kelly) 100
콘크리트 중력식 구조물 49
클라리온 클리퍼톤해역 30

(ㅌ)
탄성파신호 178
터렛계류 76
트랩(Trap) 174

(ㅍ)
파랑 하중 190
파일고정식 구조물 46
풍력 발전 21
풍력 발전기 22
풍하중 189
플랜트 바지 38

(ㅎ)
합성 개구면 소나 157
해상 부유식 구조물 33
해상물동량 66
해수담수화 플랜트 41
해양파 181
해양플랜트 15, 16
해저면 33
환경 하중 188

# 해양플랜트와 해양장비기초

2013년 5월 30일 초판 인쇄

2014년 9월 01일 3 쇄 발행

저　　자　황아름·주영석·유현수

발 행 인　송기수

발 행 처　도서출판 GS인터비전

편 집 처　도서출판 GS인터비전

인 쇄 처　도서출판 GS인터비전

등록번호　제 313-2011-120 호

I S B N　978-89-97231-95-9 (93530)

주　　소 서울 마포구 신수동 448-6

전　　화 02-976-7898, 0707-720-7898

팩　　스 02-6468-7898

홈페이지 gsintervision.co.kr

E-Mail gsinter7@gmail.com

정 가　20,000원